新工科建设·电子信息类系列教材

U0290571

单片机原理与实践

李　媛　刘黎明　张欢庆　编著

电子工业出版社

Publishing House of Electronics Industry

北京·BEIJING

内 容 简 介

本书在单片机教学的实践基础上,以应用为主调,对单片机的内容进行整合,从培养逻辑思维能力和编程思维能力的角度入手,以单片机软硬件设计为主线,结合工程实践,按照"系统需求分析 → 开发工具使用 → 片内外设应用"的路径,采用 Keil C51 基于通用开发板和 Proteus 软件仿真两种方式,分层次、递进式地讲授单片机内部的片上资源(如 I/O、外部中断、定时器、模数转换器、串行通信等)及应用传感器构建单片机智能控制系统的开发实践。本书共 9 章,包括单片机概述、89C51/S51 单片机的内部结构及引脚功能、单片机开发环境搭建、通用输入/输出(通用 I/O)、外部中断、定时/计数器、串行通信、单片机接口技术和综合项目实践。

本书可作为高等学校应用型本科电子信息工程、自动化、通信工程、电气工程及其自动化、物联网、建筑电气与智能化等专业的单片机相关课程教材,也可为单片机实训、毕业设计、单片机爱好者及相关工程技术人员提供参考。

图书在版编目(CIP)数据

单片机原理与实践 / 李媛,刘黎明,张欢庆编著. — 北京:电子工业出版社,2022.9
ISBN 978-7-121-44044-1

Ⅰ. ①单… Ⅱ. ①李… ②刘… ③张… Ⅲ. ①单片微型计算机－高等学校－教材 Ⅳ. ①TP368.1

中国版本图书馆 CIP 数据核字(2022)第 133439 号

责任编辑:孟　宇
文字编辑:张天运
印　　刷:三河市华成印务有限公司
装　　订:三河市华成印务有限公司
出版发行:电子工业出版社
　　　　　北京市海淀区万寿路 173 信箱　　邮编:100036
开　　本:787×1092　1/16　印张:11.5　字数:294.4 千字
版　　次:2022 年 9 月第 1 版
印　　次:2023 年 8 月第 2 次印刷
定　　价:49.80 元

前　　言

　　"单片机原理与实践"是电子信息工程、自动化、通信工程、电气工程及其自动化等专业的一门重要的专业课程，随着物联网和人工智能的快速发展，单片机在智能系统中发挥着越来越大的作用。单片机作为智能系统的核心，广泛应用于工业控制、汽车电子、智能家居、智能穿戴等众多领域。

　　单片机因其体系和概念相对复杂和抽象，且对实践能力要求较高，学生初次接触难以驾驭，学习难度大，使得学习兴趣和持续学习的动力出现断崖式下降，最终达不到课程教学目标，满足不了专业对人才培养的要求。本书旨在将课程从知识传授型向能力培养型转变，从知识本位向核心能力素养转变，以培养学生适应未来变化的能力，本书特色如下。

1．根据系统化、模块化开发实践思想，重构课程教学内容

　　从培养逻辑思维能力和编程思维能力的角度入手，以单片机软硬件设计为主线，结合工程实践，按照"系统需求分析→开发工具使用→片内外设应用"的路径，分层次、递进式地讲授单片机内部的片上资源（如 I/O、外部中断、定时器、模数转换器、串行通信等）及应用传感器构建单片机智能控制系统的开发实践。

2．强调工程实践，注重培养学生解决复杂工程问题的能力

　　按照工程实践导向的思路进行编写，依托具体的项目实例，以全案例方式一一讲解，引导读者绕开单片机开发中初学者易陷入的常见"陷阱"，循序渐进地学习和构建典型单片机系统硬件模块化和层次化的软件开发思想，注重培养学生解决复杂工程问题的能力。

3．仿真+口袋式实验板验证

　　本书引入 Proteus 仿真软件，借助 Keil C 软件开发平台，利用 C51 语言进行单片机应用系统的开发，可有效降低硬件学习的成本，同时利用口袋式的单片机实验板结合实际系统需求进行开发实践。

4．课程思政

　　《高等学校课程思政建设指导纲要》明确指出，课程思政的根本任务是立德树人。新时代的工科类专业课程，必须将知识传授、能力培养和价值塑造融为一体，要把价值观引导融入知识传授和能力培养过程中。本书结合专业培养要求，从家国情怀、人文知识、专业素养和辩证唯物主义观四个方面开展课程思政。将芯片研发制造、版权保护、科技工作者事迹等思政元素融入课堂，增加学生的专业认同感，提高学习动力，树立正确的

价值观。在课程工程实践中强化学生工程伦理教育，循序渐进地提高学生正确认识、分析和解决问题的能力及精益求精的工匠精神和专业职业素养。

本书作为我校第二批应用型示范专业——电子信息工程专业的课程教学范式改革项目的成果，自 2017 年以来，经过 4 年的教学实践，教学内容由汇编语言转向 C 语言教学，由应用案例转向项目化教学，教学方式采用翻转课堂、小组讨论，并基于模块化、项目化的考核方式有意识地考察学生的职业核心能力及职业素养。课程组成员在教—学—做—考核—反思这一闭环的整个教学过程中，不断地探索和实践教书育人的理想。

本书第 1、2、3 章由刘黎明编写，第 4、5、6 章由李媛编写，第 7、8、9 章由张欢庆编写，全书由李媛负责统稿工作。本书编写和试用过程中，得到马艳彬、王建波等老师的帮助，在此表示感谢。

由于编著者水平有限，书中难免有不妥之处，敬请各位读者批评指正，编著者邮箱：liyuan8330@126.com。

编著者

2022 年 6 月

目　　录

第1章　单片机概述

随着时代发展，单片机的内涵和外延也在不断地更新，理解单片机的基本概念和掌握基本的工作原理，有助于实践能力的提升。本章对单片机的原理进行了阐述，对常见单片机的型号及特点进行了简单描述，使读者对单片机有初步的认识。

▶ **知识目标**

1. 理解和掌握单片机的概念；
2. 了解常用单片机型号及特点；
3. 了解单片机的应用领域。

▶ **能力目标**

1. 根据应用需求，进行单片机选型；
2. 掌握单片机常用封装方式。

▶ **课程思政与职业素养**

1. 场景引入：2020 年新冠肺炎疫情期间大量使用的非接触式测温仪，额式测温仪在设计过程中不仅要考虑多种技术因素的制衡，还要兼顾成本、元器件的经济适用性及使用的人性化等问题。通过硬件拆解讲解产品背后的科技原理、人性化的设计理念、成本细节等，不仅培养了学生的交叉学科应用能力、综合的工程素质，还使学生树立起"科技造福人类"的思想，培养了学生的社会责任感和人文科学素养。

2. 工程科技伦理：通过 2018 年"基因编辑婴儿事件"，使我们认识到科技是把双刃剑，工程技术人员不仅要掌握先进的技术手段，更要树立正确的世界观、人生观、价值观，从而让技术更好地服务于人类。

3. 依托物联网时代背景，关注社会热点、学科前沿、产业发展趋势（嵌入式 AI、物联网、机器人控制等），展望智能交通、智慧医疗、智慧农业、智能工厂等的发展前景。

1.1 单片机概念

微型计算机简称微机，一个完整的微型计算机系统包括硬件系统和软件系统两大部分。硬件系统主要由运算器、控制器、存储器、输入设备和输出设备五大部件组成，其中运算器和控制器集成在一起统称为中央处理器（Central Processing Unit，CPU），存储器包括内存、外存和缓存等，软件系统主要分为系统软件和应用软件。

单片微型计算机简称单片机，是一种集成电路芯片，是采用超大规模集成电路技术把具有数据处理能力的中央处理器（CPU）、随机存储器、只读存储器、多种 I/O 口和中断系统等功能集成到一块硅片上构成的一个小而完善的微型计算机系统。单片机采用指令驱动方式工作，其结构和指令均是根据工业控制系统的要求进行设计的，因此又称为微控制器（Microcontroller Unit，MCU）。

1.1.1 计算的黑匣子

计算机，从字面上理解，是用于计算的机器，从这个意义上，我们可以把计算机看作一个黑匣子，用于对数据进行处理的机器，抽象出的模型如图 1-1 所示。

这种模型在计算机应用系统中具有通用性，比如，可以用来表示控制汽车油箱或空调温度的系统。当然，计算机作为一种通用机器，可以完成各种不同的工作，冯·诺依曼计算机模型告诉我们，可以通过程序来控制计算机自动地完成数据处理工作，其模型如图 1-2 所示。

图 1-1 计算机系统模型框图   图 1-2 程序控制计算机模型框图

在这个模型中，我们不仅可以对数值类型的数据进行处理，如对 3,5,8,11 数值进行加法、寻找最大值等操作，对购物网站上图书、衣服等销售状况按不同的排序算法进行排序，如图 1-3 所示。

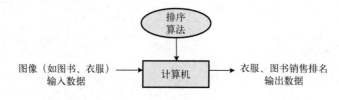

图 1-3 计算机数据处理示意图 1

还可以对语音、图像、视频等数据进行不同的加工和处理，如利用排序算法、分类算法、搜索算法及模式识别算法对图像、音频等数据进行排序、分类、搜索及识别等操作，目前在人工智能领域，采用深度学习算法可以实现对一幅图像中的猫、狗、汽车进行自动检测识别并进行分类，如图1-4所示。

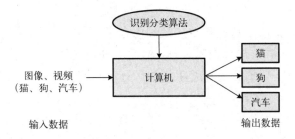

图1-4　计算机数据处理示意图2

数据是存储在存储器中的，那么程序（指令）是否也可以存放在存储器中呢？

冯·诺依曼计算机模型将数据和程序同等对待，都存储在存储器中，这就要求数据和程序必须具有相同的格式，即都是以二进制0和1组成的序列进行存储，程序由一行行指令构成，并由控制器控制程序（指令）一条一条地顺序执行。

将抽象的计算机功能延伸到具体的计算机组成框架，则通用微型计算机组成示意图如图1-5所示。现代计算机中的CPU不仅有运算器和控制器，还包含寄存器及中断系统等。CPU中的运算器负责算术运算和逻辑运算，其运算结果存放在CPU内部的寄存器中（如通用寄存器R0～R7等），在控制器（CU）的统一指挥下，由程序计数器（PC）不停地进行PC+1的操作，从而控制指令按一定的先后顺序自动工作，完成取指令→分析指令→执行指令的功能。

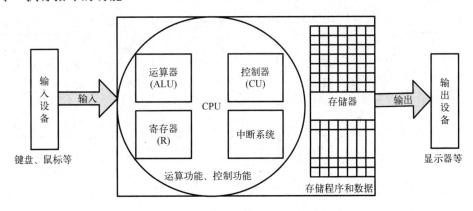

图1-5　通用微型计算机组成示意图

智能手机是当前最具代表性的微型计算机产品，面对琳琅满目、型号各异的智能手机，该如何购买？去除外观因素，我们首要考虑的是CPU和存储容量，微处理器芯片直接决定着手机的性能和运行速度，CPU最核心的参数就是CPU的主频，主频越大，代表着微处理器处理信息的速度就越快。对于存储容量，一般采用8GB+512GB

方式表示，其中 8GB 是指智能手机的运行内存，是 RAM，相当于微型计算机的内存条；512GB 是指智能手机的内部存储空间，是 ROM，相当于微型计算机的硬盘，运行内存越大，智能手机速度就越快，内部存储空间越大，能够存储的照片、音视频等资料就越多。

计算机工作时，将数据从硬盘上加载到内存中，CPU 再从内存单元中调取所需要的数据到 CPU 内的寄存器中进行加工处理，然后将处理的结果再放回到内存中。因此当你的智能手机提示内存不足时，意味着手机的运行内存空间不足。这就是典型的冯·诺依曼计算机的工作原理。

同理，从传感器采集到的外部信息（如声音、图像、文字、压力、温度等）也需要经过存储器加载到 CPU 中的寄存器里进行加工处理，然后再通过存储器输出到执行机构（如显示器、驱动电机运转、蜂鸣器报警等）。

那么，对于单片机，程序又是如何控制硬件的呢？

1.1.2　程序如何控制硬件

针对控制领域，将微型计算机的五大功能组成部件（如 CPU、存储器等）进行功能删减、体积缩小，将各部件集成在一片芯片上，就形成了单片机或 MCU。

单片机将微型计算机中 CPU 的频率及规格缩减，并将存储器、输入/输出接口集成在一起，形成芯片级的计算机，此时单片机中的 CPU 被称作内核，即微控制器将微型计算机的 CPU 功能缩减、微型化，以内核的形式呈现，通过执行预先设置好的指令代码，负责数据的计算和程序逻辑的控制。单片机的组成架构一般由内核、存储器（程序存储器和数据存储器）、外设接口、中断系统等组成，如图 1-6 所示。

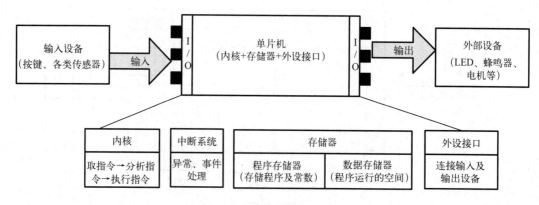

图 1-6　单片机组成架构示意图

由于单片机多应用在控制系统中实现控制操作，功能相对简单，不需要进行复杂的数据处理，因此单片机的存储单元一般较小，根据存储数据类型的不同，单片机的存储单元又细分为程序存储器（ROM）和数据存储器（RAM）。程序存储器用于存放用户编写的程序代码和常用的数据报表等，关机后数据不会丢失；数据存储器用于存放程序执行过程中的各种数据，相当于微型计算机中的内存，用于存放运算中间结果等，掉电后数据不保存。

类似地，单片机中的输入/输出功能也会根据系统控制的需求进行删减，仅保留所需的外设接口，用于获取外部信息或控制外部设备进行动作。单片机常见的 I/O 接口有中断控制器、定时/计数器、并行接口、DMA 控制器等。

I/O 接口电路需要设置若干专用寄存器，用来缓冲输入/输出数据、设定控制方式和保存输入/输出状态信息等，这些寄存器可被 CPU 直接访问，常称为端口（Port）。单片机中常见的端口有并行 I/O 端口、串行通信端口。

寄存器是由触发器组成的，每个触发器能够存储一个二进制位，即 0 或 1。触发器是构成存储器的基本单元，由基本的晶体管门电路构成，比如两个与非门交叉互连就构成一个最基本的触发器。8 个触发器就可以组成一个 8 位的寄存器，用于存放 8 位二进制代码。

单片机中，外设与存储器一般采用统一编址的方式，这样就可以像操作存储器一样操作外设，通过设置连接外设 I/O 引脚中的寄存器实现对外部设备的控制，即实现了程序控制外部设备的功能，如图 1-7 所示。

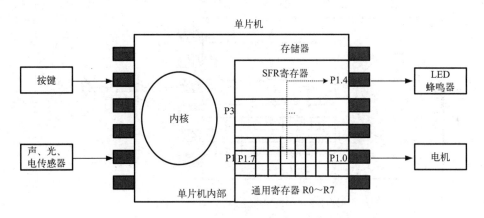

图 1-7　I/O 引脚通过寄存器控制外部设备

此时，外设接口与外部设备之间存在着物理映射，寄存器与外设接口之间存在着物理硬件上的对应关系，特殊功能寄存器则作为"桥梁"实现了程序控制外部设备的功能。外部设备或外围模块（如传感器等）采集到数据，连接在单片机的相应 I/O 引脚，将外部信息反映到与该 I/O 引脚相对应的特殊功能寄存器上，单片机就可以通过执行指令从该寄存器单元获取采集到的外部信息。反过来，单片机可以通过写入某一外围模块所对应的特殊功能寄存器单元的数据，由该存储器单元经硬件电路将控制信息映射到该外围模块上，再由外围模块驱动外设来完成相应的操作/动作。因此，寄存器在用户程序和外设之间扮演着"桥梁"或接口的角色，如图 1-8 所示。

例如，LED 连接在单片机的 P1 端口的 P1.4 引脚上，如图 1-9 所示。想要点亮该 LED 灯，只需要往该引脚 P1.4 所对应的特殊功能寄存器单元中写入"0"，此时，P1.4 引脚对外输出低电平，这时电路中的+5V 电源、限流电阻 R、LED 灯与 P1.4 引脚就构成了一个电流通路，即实现了点亮 LED 灯。

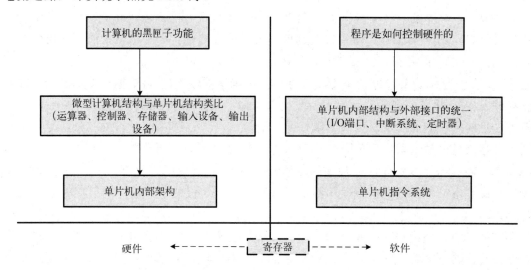

图 1-8　微型计算机与单片机在硬件结构和软件指令上的对比统一

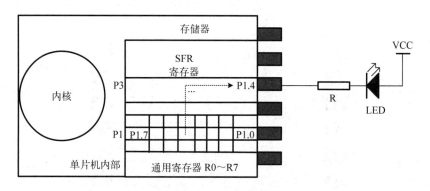

图 1-9　单片机与 LED 灯连接示意图

程序如下。

```
P1^4=0;
```

至此，我们了解了程序是如何控制外部设备的，那么为什么往 P1.4 引脚所对应的特殊功能寄存器单元中写入 0 或 1 就可以输出低电平或高电平呢？往 P1 端口中的特殊功能寄存器单元中写入 0，特殊功能寄存器属于 RAM，是硬件，P1^4=0 写入 0 是程序，是软件，单片机是如何知道硬件软件功能是一一对应的呢？这就用到指令系统，指令系统实现了硬件和软件的统一。通过单片机指令系统中的操作指令，实现了程序与指令功能的对应与统一，通过寄存器实现了单片机对外部设备的控制，控制示意图如图 1-10 所示。

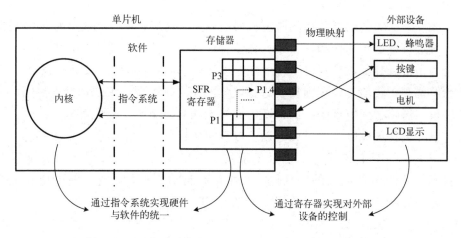

图 1-10　程序通过寄存器实现对外部设备的控制示意图

1.1.3　为什么要使用单片机

随着工业化的快速发展，生活水平不断提高，人们不断追求高质量、高效、舒适的生活环境，催生出了智能家居的理念。在智能家居中，通过语音或手机 App 可以实现对灯光的开、关和亮度调节等控制，想要实现如此复杂的控制，采用由开关、灯泡组成的传统的简单电子电路是无法满足这种现实需求的，虽然我们可以通过增加场效应管、定时器等模块来实现开关的延时控制，功能需求越多，需要增加的功能模块也就越多，设计就越复杂，系统出故障的概率也就越大，特别是在变更功能需求时，牵一发而动全身，而使用单片机开发只需要修改单片机中的程序，对外围电路更改较少。但好处是可以灵活地实现更为复杂的功能；另外，需求的不断提升也要求系统向智能化的方向发展，这势必要用到具有"程序大脑"的单片机。图 1-11 为传统的家居灯光控制电路示意图和采用单片机控制 LED 灯的电路示意图。

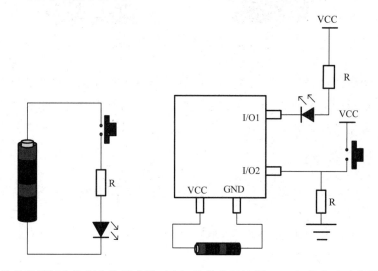

图 1-11　传统的家居灯光控制电路示意图（左）和单片机控制 LED 灯的电路示意图（右）

再比如，早期居民用电使用的是纯机械的感应式电表，基于电磁感应原理采集电压和电流，通过机械齿轮的传动，带动计数装置计数，从而显示用电量，如图 1-12 所示。由于采用的是机械装置，容易受环境（如温度）的影响，因此早期这种电表的稳定性和计量的精度都相对较差，使用前需要进行调校，使用时需要人工定期抄表，因此大大增加了工作量，影响了用电量统计的效率，而且无法监控偷电、漏电等行为。

随着单片机和集成电路的发展，以及对智能化控制的需求，智能电表逐步取代了传统的机械电表，如图 1-12 所示。智能电表建立在智能电网的基础上，通过先进的传感和测量技术，实现电网数据的信息化、数字化、自动化和互动化。智能电表不仅采集和计量的参数更为丰富，如总用电量、峰谷用电、用电功率等，还可以通过电力载波、RS-485 总线传输或远红外、GPRS、WiFi 无线传输，以及 NB-IoT 网络传输等多种方式进行远程自动抄表，节省了大量的人力抄表时间，实现了自动采集和统计用电数据，用户足不出户就可以通过手机查询用电情况、自助缴费。智能电表不仅可以远程采集用电信息，还可以对用电行为进行监测和控制，及时获取现场故障和异常情况，当出现异常用电行为时，可以通过远程控制的方式进行断电，并通过后台软件自动发出预警提示；对用户用电信息等海量数据结合大数据、人工智能算法，可以为用户提供更加精准的个性化服务。

机械电表　　　　　　　　　　　　智能电表

图 1-12　机械电表与智能电表

从老式的机械电表到电子式电表，再到如今的智能电表，其产品更新迭代的背后反映的是应用需求的不断提升。生活中，不仅电表实现了智能化，水表、燃气表及暖气等同样实现了数据智能化的远程采集与控制，使得人们的生活更加便捷高效。

1.1.4　单片机学什么

实际应用中，以单片机为控制核心，辅以外围器件构成应用系统。因此，单片机的学习主要掌握以下两部分。

第一，掌握单片机内部资源。主要涉及硬件资源的驱动设计，包括中断、定时器、串行通信、A/D、D/A 及 IIC、SPI 总线。

第二，学习人机交互接口的应用。主要涉及应用层面的设计，包括按键、显示器（LED 灯、数码管、LCD1602、OLED 屏等）、电机及各种传感器等外部设备，如图 1-13 所示。对于应用需求层面的设计，特别是在当今物联网快速发展的今天，掌握物联网技术是产品满足用户需求、技术贴合市场需要的有效途径。物联网技术本质上是在单片机控制的基础上将信息以有线或无线通信的方式进行传输和交换，通过控制器实现物与物之间的信息互联互通。

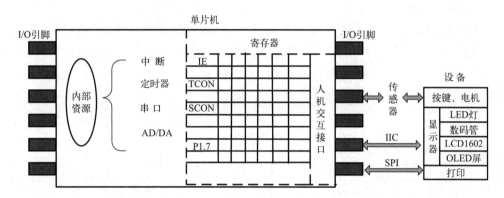

图 1-13　单片机内部资源及人机交互接口

单片机的功能是通过 I/O 引脚对外表现出来的，单片机作为一个微型计算机，其内部资源是有限的，比如，中断、定时器、片内存储器、I/O 引脚数量及容量都较少，根据系统的需求，一般都需要进行功能扩展，以满足人机交互的需求，通过 IIC、SPI 等总线扩展 E^2PROM、A/D、D/A、显示屏等外设，从而构成一个完整的单片机应用系统，实现具体的应用功能要求。

1.2　常见单片机型号

51 是 Intel 公司的单片机产品型号，20 世纪 80 年代，Intel 以专利转让等形式将 8051 内核转让给了其他半导体厂商，许多公司如 Atmel、Philips、Fujitsu、STC 等都在 80C51 基础上推出与 80C51 兼容的增强型单片机，统称为 51 系列单片机。本书以目前使用较为广泛的 51 系列 8 位单片机为例，介绍单片机的硬件结构、工作原理及应用系统设计。

1.2.1　AT89C51、AT89C52 和 STC89C52

AT89C51 和 AT89C52 都是 Atmel 公司的 8 位单片机产品，AT 是 Atmel 公司的缩写；单片机命名规则中 8XC51 中的 X 表示单片机所使用的 ROM 的配置：0 表示无片内 ROM，3 表示片内为掩膜（ROM），7 表示片内为 EPROM，9 表示片内为 Flash ROM。如 AT89C51 中的 9 表示采用 Flash ROM 作为程序存储器；C 表示采用 CMOS 工艺制作的超性能 8 位单片机，不含 C 的表示采用 MOS 工艺，如早期的 8031、8051 单片机；51 代表的是

51 内核的基本型单片机，52 是增强型单片机，其中的 1 表示该芯片内部程序存储空间的大小，1 为 4KB，2 为 8KB，52 型号的单片机要比 51 型号的单片机多一些内部资源，如 AT89C51 具有 4KB 的 ROM、128B 的 RAM，有两个 16 位的定时/计数器；AT89C52 具有 8KB 的 ROM、256B 的 RAM，有 3 个 16 位的定时/计数器。而 AT89S51/52 中的 S 则表示该型号的单片机具有在线编程（In-System Programming，ISP）功能，即通过简单的下载线，在电路板上可以直接对芯片写入或者擦除程序，并且支持在线调试。

STC89C52 是 STC 公司的一款性价比较高的完全兼容 8051 的 8 位单片机，具有 8KB 的 ROM、512B 的 RAM，在存储容量上远超 AT89C52，读者可通过 STC 官网下载芯片数据手册（Datasheet）进行详细对比。STC89C52 系列单片机命名规则如图 1-14 所示。

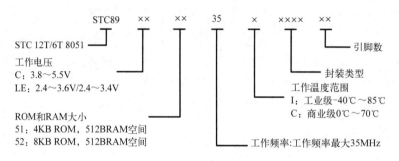

图 1-14　单片机命名规则

1.2.2　常见单片机型号

目前，单片机向低功耗、高性能、多样性发展，随着物联网的发展，32 位单片机已广泛应用于各个行业的产品中，但由于 8 位单片机在性能价格上的优势，并且拥有遍布各种应用场合的产品型号，让 8 位单片机仍具有广阔的应用空间，目前 8 位单片机仍是当前使用较多的单片机型号。表 1-1 为常见单片机型号，不仅涉及典型的 8 位单片机，还包括目前市场上一些典型的 16 位单片机、32 位单片机，表中仅罗列部分常见单片机型号，供初学者在应用开发实践中参考，更多内容还需要在工程应用实践中学习和积累。

表 1-1　常见单片机型号

厂商	典型单片机型号	简　介
TI 德州仪器	MSP430	超低功耗，采用精简指令集的 16 位单片机，广泛应用于仪器仪表等领域。全国电子设计大赛指定用的单片机。提供多种具有超低功耗、集成式模拟和数字外设的 16 位单片机，适用于工业传感和测量的超低功耗单片机
	C2000	针对高实时控制应用的 32 位单片机，专用于控制电力电子产品，并在工业驱动器和电动汽车应用中提供高级数字信号处理及电源控制系统

续表

厂商	典型单片机型号	简　介
Microchip 微芯公司	PIC	8 位单片机，同样是基于精简指令集设计的单片机，具有功耗低、驱动能力强、稳定性好等特点，配有中文的 Datasheet，汉化方面一流
	PIC24	16 位单片机，适用性能或存储能力超过 8 位单片机的应用。特点： 具有 DSP 性能的简单性；精确的电机控制和无传感器的磁场定向控制；具有功率因数校正功能的高效数字电源转换；针对关键安全应用的强大功能安全性
	SAM 4E SAM C20/C21	32 位单片机，具有低功耗、高性能，可运行多线程应用程序，适用于 HMI 应用程序的基于硬件的触摸和图形功能，具备安全固件升级、硬件隔离、密钥保护等安全功能
	AVR （Atmel）	基于精简指令集开发的一款高性能、低成本的 8 位单片机，具有芯片级安全功能，图形化开发工具 Atmel Studio。Atmel（爱特梅尔）于 2016 年被 Microchip 收购，代表性产品有 AT89 系列单片机和 AT90 系列单片机，AT89 系列单片机是将 51 内核与 Flash 技术融合而成的 AT89C/S51，得到广泛的应用和市场认可；AT90 系列为具备 Flash 的增强型 RISC 单片机，通常被称为 AVR 单片机
NXP 恩智浦	K60 （Freescale）	种类齐全，涵盖从 8 位到 32 位的各个系列的单片机，具有超强的抗干扰能力，具备更多的可选模块及多种通信模块接口，主要应用在汽车电子领域。每年举办一次飞思卡尔大学生智能车竞赛。Freescale（飞思卡尔）公司于 2015 年被恩智浦收购
	LPC	LPC800 系列：基于 ARM Cortex-M0+内核的通用单片机，为超值型、入门级、8 位单片机的替代产品。 K32 L 系列：基于 ARM Cortex-M4 内核的通用单片机，针对低功耗应用进行了优化，主打超低功耗。 LPC5500 系列：基于 ARM Cortex-M33 内核的通用单片机，通过嵌入式内存平衡集成、性能和成本，效率一流。 i.MX RT 跨界处理器：基于 ARM Cortex-M7/M33 内核的通用单片机，具有超高性能和内存可扩展性，支持新一代物联网应用
	i.MX 应用 处理器	基于 ARM Cortex-A7/A8/A35/A53/A7 和 Cortex-M4/M7 内核，面向汽车、消费电子、工业多媒体和显示应用的异构多核和单核处理器
ST 意法半导体	STM8	主要针对 C51 市场，为低性能 8 位单片机。产品系列如下。 STM8S：主流单片机。 STM8L：超低功耗单片机。 STM8AF、STM8AL：汽车级单片机
	STM32	为 32 位的高性能高性价比单片机，目前最火的单片机，为基于 ARM Cortex-M 内核专门针对嵌入式应用设计的高性能芯片，具有一流的外设及超高的运算速度，是高性价比、低成本、低功耗产品的典型代表。产品系列如下。 高性能单片机：STM32F2、F4、F7、H7。 主流单片机：STM32F0、F1、F3、G0、G4。 低功耗单片机：STM32L0、L1、L4、L5。 无线单片机：STM32WB
STC 宏晶科技	STC89C52	高速、低功耗、超强抗干扰的新一代 8051 单片机，指令代码完全兼容传统 8051 单片机，调试方便，下载烧录软件 STC-ISP 简单好用。此外，还有 STC12 系列、STC15 系列单片机
新唐科技	N76E003	8 位 8051 内核单片机，N76E003 为新唐高速 1T 8051 单片机系列产品，具有自我唤醒、欠压检测等功能，主要应用于门禁系统、警报器、温度传感设备、蓝牙音箱、电动车表头、数字电压表头、气体检测器、采集器、充电器、美容仪器等领域

厂商	典型单片机型号	简　介
兆易创新	GD32F103	基于 Arm Cortex-M 内核和 RISC-V 内核设计的 32 位通用单片机。主要产品系列如下。 针对超值型、主流型和增强型应用需求： GD32F1、GD32F2 系列，基于 ARM Cortex-M3 内核。 GD32F3、GD32F4、GD32E103 系列，基于 ARM Cortex-M4 内核。 入门级、8 位和 16 位替代产品：GD32E23x 系列
华大半导体	HC32F003	华大半导体有限公司（简称华大半导体）是中国电子信息产业集团有限公司（CEC）整合旗下集成电路企业而组建的专业子集团。 其单片机产品系列主要有超低功耗单片机、通用类单片机、电机类单片机、车规类单片机。 HC32F003 是基于 ARM Cortex-M0+设计的 32 位通用类单片机
灵动微电子	MM32F	主要基于 ARM Cortex-M0 及 Cortex-M3 内核的单片机，产品系列如下。 针对通用高性能市场的 MM32F 系列，如 MM32F103； 针对超低功耗及安全应用的 MM32L 系列； 具有多种无线连接功能的 MM32W 系列； 电机驱动及控制专用的 MM32SPIN 系列； OTP 型的 MM32P 系列

1.2.3　单片机芯片常见的封装形式

封装是芯片的外壳，起到保护芯片和增强电热性能的作用，借助封装可实现芯片的接点用导线连接到引脚上，再通过引脚实现芯片与外部电路的连接。单片机芯片常见的封装形式有 DIP（双列直插式）、SOP（小外型表面贴片式封装）、PQFP（塑料方形扁平式封装）和 PLCC（塑封方形引脚插入式封装），如表 1-2 所示。

表 1-2　单片机芯片常见的封装形式

封装方式	全　称	简　介
DIP	（Plastic）Dual In-line Package，（塑料）双列直插式封装 	适用于中小规模集成电路，引脚数一般不超过 100 个
SOP	Small Outline Package，小外型表面贴片式封装 	SOP 是最常见的封装，广泛应用于 10～40 个引脚的芯片
PQFP	Plastic Quad Flat Package，塑料方形扁平式封装 	PQFP 封装芯片引脚间距很小，引脚很细，一般应用于大规模或超大型集成电路，引脚数一般在 100 个以上

续表

封装方式	全　称	简　介
PLCC	Plastic J-Leaded Chip Carrie， 塑封方形引脚插入式封装	该封装呈"丁"字形，外形尺寸比 DIP 封装小得多，必须采用 SMT（表面贴装技术）进行焊接

1.3　单片机常见应用领域

单片机作为一个控制功能部件，具有良好的控制性能和嵌入特征，因此广泛应用于家用电器、工业控制、仪器仪表、汽车电子等领域。本节简单介绍单片机几个常见应用领域。

1. 家用电器、电子玩具等消费领域

由于单片机的集成度高、功能强、可靠性高、体积小、功耗低、价格便宜，因此在电子消费类领域备受青睐，目前市面上几乎所有家用电器都是单片机控制系统，例如，洗衣机、空调、电饭煲、电子音响、智能家居等。

2. 智能仪器仪表领域

单片机广泛应用于实验室、测量和控制仪表中，可提高测量精度和控制功能，简化仪表结构，促进各种仪器仪表逐渐走向数字化、智能化、多功能化，并使监测与控制等功能一体化，便于使用、改进与维护。

3. 实时控制系统领域

将单片机技术与测量技术、自动控制技术相结合，可以充分发挥数据处理的实时控制功能，提高系统的生产效率。实时控制系统要求工作稳定可靠，抗干扰能力强，单片机系统最适合应用于工业控制领域，如温室控制系统、自动生产线、电机控制等各种实时控制系统。

一般单片机应用系统包括单片机系统、用于检测前向传感器的输入通道、用于控制对象的后向输出通道及人机交互通道，其系统结构框图如图1-15所示。

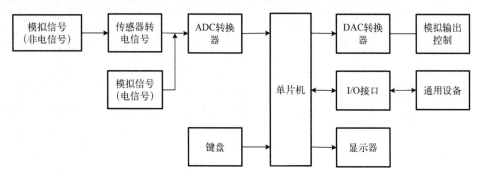

图 1-15　单片机应用系统结构框图

前向通道一般用来采集外部的物理量信号，实际应用中物理量分为非电信号和电信号，由于单片机只能处理数字信号，非电信号需要通过传感器转换为电信号，然后利用ADC（模数）转换器转换为数字信号，单片机才能对其信号进行输入控制；后向通道一般是指将前向通道输入的信号在单片机系统中进行不同算法的处理后，输出数字信号，而被控对象的控制信号一般是模拟信号或者开关量控制信号，模拟信号的后向通道需要进行 DAC 转换，开关量控制信号的后向通道相对比较简单。

习题与思考

1．什么是单片机？简述单片机与微型计算机在硬件结构和软件指令上的不同点和相同点。

2．常见单片机型号有哪些？各有什么特点？

3．简述单片机常见应用领域。

4．简述单片机应用系统结构。

第2章 89C51/S51单片机的内部结构及引脚功能

单片机既是计算机系统的一种，又区别于通用计算机系统，是一种为特定应用而设计的专用计算机系统。本书以89C51/S51（AT89C51/S51、STC89C51）单片机为典型机，详细介绍芯片内部的硬件资源，各个功能部件的结构及原理。本章重点学习89C51/S51单片机的内部结构，通过对引脚功能的描述，建立单片机最小系统的概念。

▶▶ 知识目标

1. 理解89C51/S51单片机的内部结构；
2. 理解和掌握89C51/S51单片机最小系统；
3. 理解89C51/S51单片机的存储系统；
4. 掌握89C51/S51单片机的时序与复位。

▶▶ 能力目标

1. 绘制89C51/S51单片机最小系统；
2. 学会查看芯片用户手册；
3. 根据系统时钟计算延时时间。

▶▶ 课程思政与职业素养

1. 场景引入：电子计算机的二进制运算方式与中国古代传统文化《易经》中"一阴一阳之谓道"有着异曲同工之妙，电子计算机所讲授的八进制（3位二进制数）亦与《易经》中的八卦蕴含着相同的朴素辩证的排列组合思想，在理解计算机原理的同时，加深学生对传统文化的了解，建立文化自信。

2. 通过对比国内与国外单片机内核，培养学生系统化、结构化的思维能力，孵化创新、创造的思考能力，激发爱国热情，让学生为祖国科技发展努力学习。

3. 通过专业绘图工具（Altium Designer、立创EDA）绘制89C51/S51单片机最小系统，培养学生良好的职业素养，引导学生遵守职业道德规范。

2.1 89C51/S51 单片机的内部结构

单片机是微型计算机向嵌入式控制领域发展的一个分支，从 8 位、16 位、32 位逐步向 64 位的高性能微控制器演变，我们一般将基于 51 内核的 8 位 MCU 称为单片机。

89C51/S51 单片机是由 51 内核、存储器、外设接口、中断系统等组成，基本结构框图如图 2-1 所示。

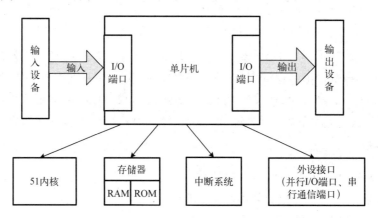

图 2-1　89C51/S51 单片机基本结构框图

如图 2-2 所示，89C51/S51 单片机基本组成如下。

（1）一个 8 位的 80C51 微处理器 CPU。

（2）数据存储器（256B RAM/SFR）：用来存放读/写的数据，如运算的中间结果、最终结果及显示的数据等。

（3）程序存储器（4KB Flash ROM）：用来存放程序、原始数据和表格。

（4）4 个 8 位可编程 I/O（输入/输出）端口 P0～P3：每个端口可以用作输入，也可以用作输出。

（5）两个 16 位定时/计数器：每个定时/计数器都可以设置成计数方式，用以对外部事件进行计数，也可以设置成定时方式，并可以根据计数或定时的结果实现计算机控制。

（6）具有 5 个中断源、两个中断优先级的中断控制系统。

（7）一个可编程全双工串行口：实现单片机与单片机或其他微机之间串行通信。

（8）振荡器和时序 OSC。

89C51 单片机的内部结构如图 2-3 所示。51 内核负责指令的预取、分析及执行，由运算器和控制器构成。运算器以算术/逻辑运算单元（Arithmetic Logic Unit，ALU）为核心，主要由累加器（Accumulator，ACC）、B 寄存器、程序状态寄存器（Program Status Word，PSW）等组成，用于完成算术运算、逻辑运算、位运算及数据传送等操作，运算结果保存在程序状态寄存器中。控制器（Control Unit，CU）具有产生各种控制信号的功能，核心是由程序计数器（PC）每执行完一条指令后自动加 1，指向下一条指令的地址，从而实现程序的执行。

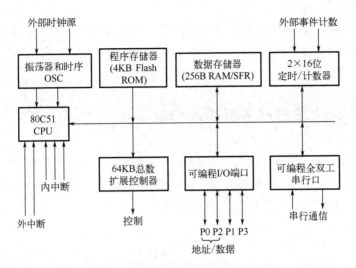

图 2-2 89C51/S51 单片机基本组成

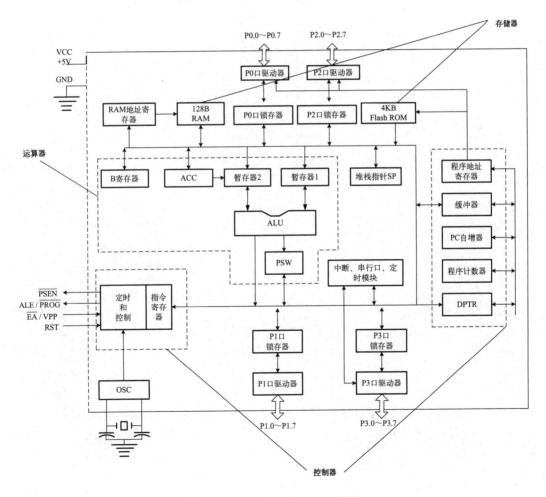

图 2-3 89C51 单片机的内部结构

单片机的存储器由两部分构成：程序存储器（ROM）和数据存储器（RAM）。其中，AT89C51 具有 4KB 的 ROM、128B 的 RAM，AT89C52 具有 8KB 的 ROM、256B 的 RAM。外设接口主要包括并行 I/O 端口 P0～P3、串行口等。

2.2 89C51/S51 单片机的引脚及功能

89C51/S51 单片机主要有三种封装方式：DIP 封装、PLCC 封装和 PQFP/TQFP 封装，如图 2-4 所示。同一种芯片，封装方式不同，引脚个数和功能也会略有差异，本节以 40 引脚 DIP 封装的 89C51/S51 单片机为例进行讲述。

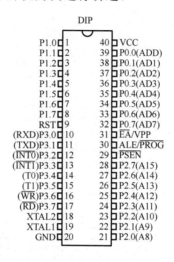

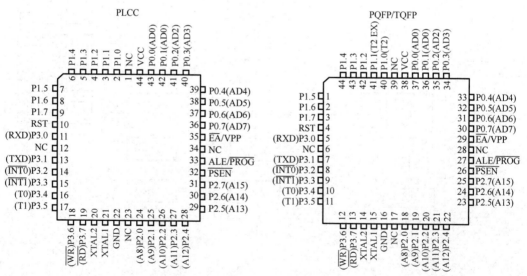

图 2-4　89C51/S51 单片机封装图

89C51/S51 单片机的引脚可分为三大类：最小系统引脚、并行 I/O 引脚和控制引脚，共 40 个引脚，如表 2-1 所示。

（1）最小系统引脚包括电源引脚（VCC）、地（GND）、时钟信号引脚（XTAL1 和 XTAL2）和复位引脚（RST），共 5 个；

（2）并行 I/O 引脚主要指 P0、P1、P2 和 P3 每个端口的 8 个引脚，共 32 个；

（3）控制引脚包括 $\overline{EA}$ / VPP 、 ALE/$\overline{PROG}$ 和 $\overline{PSEN}$，共 3 个。

表 2-1　89C51 单片机引脚功能

功能类别	引脚名称	引脚功能	数量
最小系统引脚	VCC	+5V 电源	5 个
	GND	地	
	XTAL1 和 XTAL2	时钟信号引脚	
	RST	复位引脚	
并行 I/O 引脚	P0.0～P0.7	P0 端口 8 位双向 I/O 线	32 个
	P1.0～P1.7	P1 端口 8 位双向 I/O 线	
	P2.0～P2.7	P2 端口 8 位双向 I/O 线	
	P3.0～P3.7	P3 端口 8 位双向 I/O 线	
控制引脚	$\overline{EA}$ / VPP	内、外部程序存储器访问引脚/编程电源输入引脚	3 个
	ALE/$\overline{PROG}$	地址锁存允许信号输出引脚/编程脉冲输入引脚	
	$\overline{PSEN}$	程序存储允许输出引脚	

2.2.1　最小系统引脚

1. 电源引脚 VCC 和 GND

（1）VCC（40 引脚）：电源端，接+5V 电源。

（2）GND（20 引脚）：接地端。

2. 时钟信号引脚 XTAL1 和 XTAL2

89C51/S51 单片机内部有一个高增益反相放大器，其输入端引脚为 XTAL1，输出端引脚为 XTAL2，在其两端跨接晶体振荡器和两个电容就可以构成一个稳定的自激振荡器，如图 2-5（a）所示。

（1）XTAL2（18 引脚）：连接晶体振荡器和电容的一端。若系统采用外部电路产生时钟信号，则该引脚可以接地或悬空，为避免引入干扰，一般应接地，如图 2-5（b）所示。

（2）XTAL1（19 引脚）：连接晶体振荡器和电容的另一端。若系统采用外部电路产生时钟信号，则该引脚接外部时钟，如图 2-5（b）所示。

3. 复位引脚 RST

RST（9 引脚）：复位信号输入引脚，高电平有效。该引脚为低电平时单片机可正常工作。

2.2.2　并行 I/O 端口

89C51/S51 单片机的并行 I/O 端口由 P0 端口、P1 端口、P2 端口、P3 端口组成，P0、P1、P2、P3 每个端口都有 8 条 I/O 线，均可用作输入/输出功能使用，如图 2-6 所示。

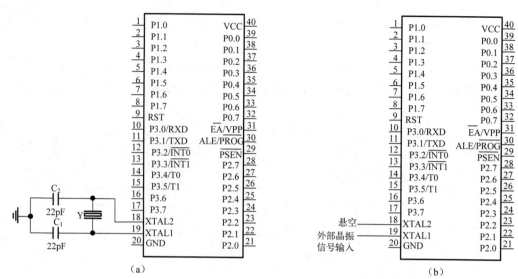

（a）   （b）

图 2-5　89C51/S51 单片机时钟信号电路

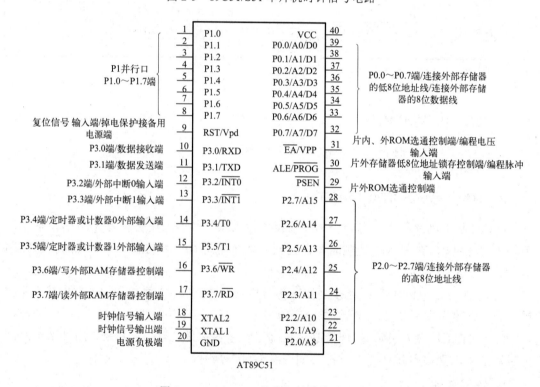

图 2-6　89C51/S51 单片机的并行 I/O 端口

P0 端口和 P2 端口除作为通用 I/O 端口外，还可用作连接外部存储器的地址线，此时，P0 端口用作低 8 位地址线或 8 位数据线，分时复用使用；P2 端口用作高 8 位地址线，与 P0 端口组成 16 位的地址总线使用。

P3 端口除可作为通用 I/O 端口外，还具有第二功能，有输出和输入两类。P3 端口的每一个引脚都有特殊的用途，如表 2-2 所示。

表 2-2　P3 端口第二功能表

端口引脚	第二功能	说明
P3.0	RXD	串行数据接收端
P3.1	TXD	串行数据发送端
P3.2	$\overline{\text{INT0}}$	外部中断 0
P3.3	$\overline{\text{INT1}}$	外部中断 1
P3.4	T0	定时/计数器 0 的外部输入引脚
P3.5	T1	定时/计数器 1 的外部输入引脚
P3.6	$\overline{\text{WR}}$	外部 RAM 写选通引脚
P3.7	$\overline{\text{RD}}$	外部 RAM 读选通引脚

2.2.3　控制引脚

（1）$\overline{\text{EA}}$ / VPP（31 引脚）：内/外部存储器访问选择引脚/编程电压输入引脚。用于控制 89C51/S51 单片机使用片内程序存储器或片外程序存储器。当 $\overline{\text{EA}}$ 为低电平时，使用片外程序存储器。当 $\overline{\text{EA}}$ 为高电平时（如接 VCC），使用片内程序存储器，此时单片机的程序计数器首先访问片内 ROM，从 0000H 单元开始执行片内 ROM 中的程序（对 89S51 片内 4KB），当程序计数器的值超过 0FFFH 时，程序计数器将自动转到片外 ROM 中执行程序。

（2）ALE/$\overline{\text{PROG}}$（30 引脚）：地址锁存允许信号输出引脚/编程脉冲输入引脚。上电后 ALE（Address Latch Enable）引脚持续输出正脉冲信号，可通过该引脚检测单片机是否正常运行。此引脚的第二功能 $\overline{\text{PROG}}$ 是编程脉冲输入引脚，实现对片内带有 Flash ROM 的芯片编写固化程序。目前一般采用串行口进行程序下载，不再使用编程脉冲往内部烧写程序，因此该引脚一般悬空。

（3）$\overline{\text{PSEN}}$（29 引脚）：PSEN（Program Store Enable）为片外 ROM 选通引脚，低电平时有效，当 $\overline{\text{PSEN}}$ 引脚为低电平时，实现对片外 ROM 的读操作，当前单片机型号繁多，单片机的内部 ROM 越来越大，通过芯片选型可以满足应用需求，所以在设计电路时，该引脚一般悬空。

2.2.4　89C51/S51 单片机最小系统电路

89C51/S51 单片机最小系统电路图如图 2-7 所示。

1．电源电路

查阅所用单片机的 Datasheet 可知，AT89C51 和 STC89C52 的供电电压范围在 3.3～5.5V，所以可以采用 5V 的电源供电。

2．晶振电路

晶振分为有源晶振和无源晶振两种类型，无源晶振简称晶体（Crystal），有源晶振简称振荡器（Oscillator）。

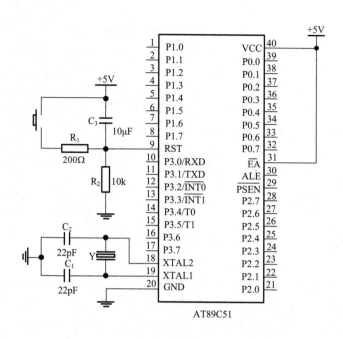

图 2-7 89C51/S51 单片机最小系统电路图

Y 是一个无源晶振，它自身无法起振，需要和单片机内部的振荡电路一起工作才能起振，为保证振荡信号的稳定性，需要外接电容，根据要求配合选择振荡频率。外接电容 C_1 和 C_2 通常取 30 ± 10pF，晶振的频率 f_{OSC} 一般为 $0\sim24$MHz，晶振的频率越高，单片机的运行速度也就越快。一般情况下多采用 12MHz 的晶振，如果系统中使用了单片机的串行通信接口，那么一般选用 11.0592MHz 的晶振。

除了无源晶振，还可以使用有源晶振，有源晶振内部包含起振器，自身可以产生振荡，利用石英晶体的压电效应来起振，所以有源晶振只需要供电，即可主动产生振荡信号，信号精度比无源晶振要高一些。有源晶振一般有 4 个引脚：VCC、GND、OUT、NC。NC 为空引脚，直接悬空即可，有源晶振的 OUT 为输出端，输出方波信号，直接接在单片机 XTAL1 引脚上，此时 XTAL2 引脚悬空。

3．复位电路

复位电路的作用是当单片机启动或发生故障（如死机、陷入死循环）时，使 CPU 恢复到一个确定的初始状态，并从这个初始状态重新开始工作。89C51/S51 单片机复位后，程序计数器 PC=0x0000，即单片机从 ROM 的第一个存储单元中取指令执行。

单片机在 RST 端（9 引脚）保持两个机器周期以上的高电平（24 个脉冲振荡周期）时，自动复位。若时钟频率为 12MHz，每个机器周期为 1μs，则意味着只需要维持 2μs 的高电平状态即可实现系统的复位初始化。

单片机复位有两种实现方式：上电自动复位和按键手动复位，复位电路如图 2-8 所示。

上电自动复位是指单片机在上电时实现的复位。上电瞬间，由于电容是储能元件，电容两端的电压不能突变，电容相当于短路（两端电压为 0），RST 端电位就被拉到了

5V；上电后，电容充电，RST 的电位逐渐下降，电容充满后，相当于开路，RST 引脚会被 10k 电阻下拉至低电平，此时单片机开始正常工作。电容充电时间为 $\tau=RC$，单位为秒。因此，选择合适的 R、C 就可以实现单片机上电自动复位。

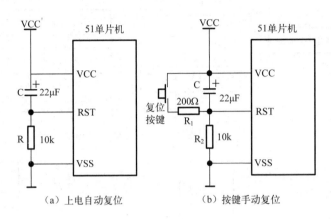

（a）上电自动复位　　　　　　（b）按键手动复位

图 2-8　单片机复位电路

图 2-8（b）融合了按键手动复位和上电自动复位。按键按下前，单片机为上电复位后的正常工作状态，此时 RST 为低电平。按键按下时，电容通过电阻 R_1 迅速放电，此时，电源电压经过两个电阻分压，由于 R_2 的阻值比较大，因此 RST 为高电平；按键松开时，电源对电容充电，此后的过程和上电自动复位相同，RST 依然为高电平，充电完成后，RST 恢复为低电平，正常工作。所以按键手动复位的高电平维持时间比上电自动复位长。

在按键手动复位电路中，通常选择 $C=10\sim30\mu F$，$R_2=10k\Omega$，$R_1=200\Omega$。电容较小时，电阻 R_1 也可以省略，小电容短路放电不会损坏按钮触点。

2.3　89C51/S51 单片机的存储器

根据指令和数据在存储器中存放位置的不同，将存储器结构分为冯·诺依曼结构和哈佛结构两种。冯·诺依曼结构是程序与数据存放在同一存储空间的一种存储器结构，哈佛结构是将程序和数据分开存储的一种存储器结构。89C51/S51 单片机的存储器在物理上分为程序存储器（ROM）和数据存储器（RAM）两个独立的存储空间，属于哈佛结构。

程序存储器（ROM）可分为片内程序存储器（片内 ROM）和片外程序存储器（片外 ROM）；数据存储器（RAM）也分为片内数据存储器（片内 RAM）和片外数据存储器（片外 RAM），如图 2-9 所示。

从用户使用的角度来看，单片机的存储空间可划分为 3 部分，AT89C52 存储器空间地址范围如图 2-10 所示。

（1）片内 4KB 和片外 64KB 统一编址的 ROM 地址空间，地址范围为 0000H～FFFFH。

（2）片内 256B 的 RAM 地址空间，地址范围为 00H～FFH；AT89C51 单片机片内 128B 的 RAM 地址空间，地址范围为 00H～7FH。

（3）片外 64KB 的 RAM 地址空间，地址范围为 0000H～FFFFH。

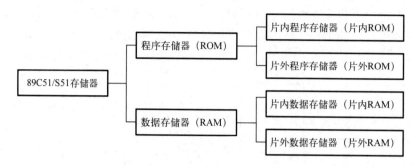

图 2-9　89C51/S51 单片机的存储器分类

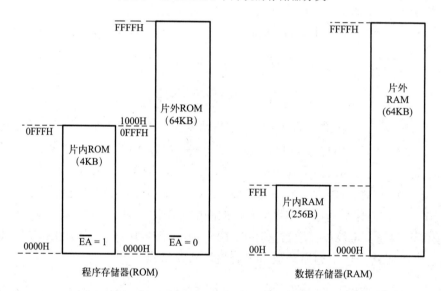

图 2-10　AT89C52 存储器空间地址范围

2.3.1　程序存储器

ROM 用于存放用户编写的应用程序、常数或表格。ROM 以程序计数器为地址指针，通过 16 位地址总线，可寻址 64KB 的程序地址空间。

ROM 又细分为片内 ROM 和片外 ROM，AT89C51 和 STC89C51 单片机内部具有 4KB 大小的片内 Flash ROM 空间，可存储 2000 多条指令。当片内 ROM 空间不够时，还可以扩展片外 ROM，最大寻址空间范围为 64KB（FFFFH），片内、片外采用统一编址方式，如果程序较大，可选择 8KB、12KB、32KB 内存的单片机，如 AT89C52、STC89C58 等，就可以不采用扩展的外部程序存储器，使用方便，成本也低。

从单片机最小系统可以看出，单片机上电后，会自动进行复位。复位操作确保单片机每次从固定的初始处执行程序，此时程序计数器指向 ROM 的 0000H 单元，ROM 是用来存放用户编写的应用程序的，采用单片机 C51 编写的应用程序都是从 main 函数开始执行的，因此，一般在 0000H 单元处设置转移指令，用于跳转到用户编写的主程序处。

51 单片机的片内 ROM 中不只存放用户的应用程序，还将一部分空间划分出来，用于中断处理程序。在系统遇到中断时，会根据中断的类型，自动跳转到 ROM 中的该中断处理程序处执行相应的中断处理服务程序，以 AT89C51 为例，中断程序和主程序在 ROM 中的位置，如图 2-11 所示。

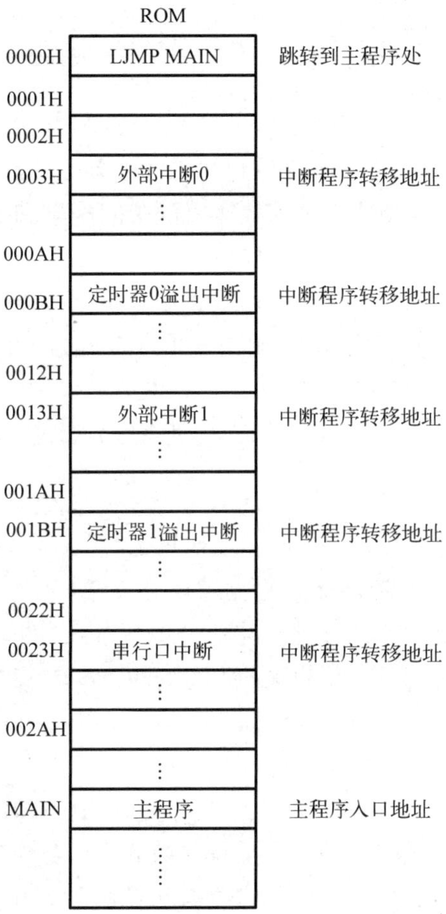

图 2-11　用户程序在 ROM 中的位置

由图 2-11 可知，ROM 中的 0003H～002AH 共 40 个单元被保留，用于 5 个中断源的中断服务程序的入口地址，用户不可修改，中断响应后，按中断类别自动转到各中断服务程序的首地址去执行相应的中断服务程序，中断服务程序的入口地址及其用途如表 2-3 所示。

注意：对于这些内容，初学者不用去记具体的存储空间，只需要理解 ROM 中划分这些存储块的意义即可，单片机会自动执行。

表 2-3　中断服务程序入口地址及其用途

地址	用途
0000H～0002H	单片机复位后的程序入口地址（占 3 个单元）
0003H～000AH	外部中断 0 的中断服务程序地址（占 8 个单元）
000BH～0012H	定时器 0 的中断服务程序地址（占 8 个单元）
0013H～001AH	外部中断 1 的中断服务程序地址（占 8 个单元）
001BH～0022H	定时器 1（T1）的中断服务程序地址（占 8 个单元）
0023H～002AH	串行口的中断服务程序地址（占 8 个单元）

2.3.2　数据存储器

单片机的存储器除存放应用程序所用到的 ROM 外，其运行过程中还需要用到内存空间，这个内存空间就是 RAM，用来存放运算的中间结果和数据等。

89C51 单片机的 RAM 分为片内 RAM 和片外 RAM，AT89C51 单片机的片内 RAM 只有 128B，地址范围为 00H～7FH。AT89C52 单片机片内 RAM 有 256B，地址范围为 00H～FFH。片外 RAM 最多可扩展至 64KB，地址范围为 0000H～FFFFH。采用 MOV 指令访问片内 RAM，采用 MOVX 指令访问片外 RAM。

89C51/S51 的 RAM 和 ROM 一样，预先规划有固定的空间，并不能随心所欲地使用全部空间。

1．片内 RAM

89C52 单片机片内 RAM 有 256B，根据需要分为低 128B RAM 区和高 128B 的特殊功能寄存器（SFR）区。低 128B（地址范围：00H～7FH）是真正的 RAM，按用途划分为通用工作寄存器区、位寻址区、用户 RAM 区。89C52 单片机片内 RAM 分区如图 2-12 所示。

1）通用工作寄存器区

该区共有 4 组通用工作寄存器组，地址范围为 00H～1FH，每组有 8 个通用工作寄存器 R0～R7，共计 32 个寄存器，用于存放操作数和中间结果等，一般称为通用寄存器。

通用工作寄存器组主要用来临时存放数据和在函数调用时传递数据。单片机复位后，CPU 默认使用第 0 组通用工作寄存器，即 main 函数的运行使用的是第 0 组的通用工作寄存器。

程序设计中，可以通过设置程序状态字寄存器（PSW）中的 D3 和 D4 位来选择使用哪组通用工作寄存器组，PSW 中各位含义如表 2-4 所示。从表 2-4 可以看出，若需要使用第 1 组通用工作寄存器组，则要求 RS1=0、RS0=1，即 PSW 应设置为"xxx01xxx"，D4 位和 D3 位分别对应于 RS1 和 RS0，其余位根据需要设置。

2）位寻址区

位寻址区是 RAM 的一部分，地址范围为 20H～2FH，既可以像普通 RAM 一样按字节使用，还可以对 RAM 单元中的每一位进行位操作，因此把该区域称为位寻址区。位寻址区地址为 00H~7FH，共计 128 个位地址，CPU 对这些位寻址区可执行置 1、清 0、求反、转移、传送等布尔逻辑操作，因此，这部分区域也被称作 51 单片机的布尔处理功能区。

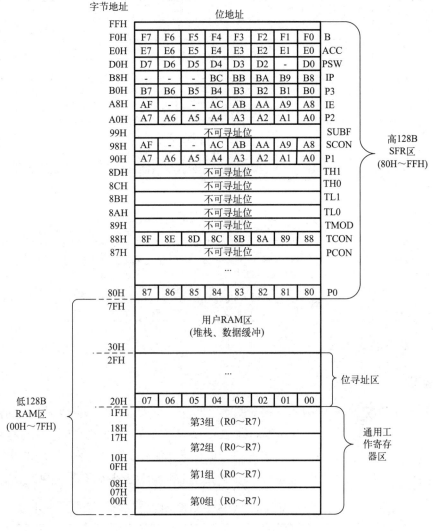

图 2-12　89C52 单片机片内 RAM 分区

3）用户 RAM 区

用户 RAM 区的地址范围为 30H~7FH，共 80 个字节的空间，是供用户使用和操作的 RAM 区。

2. 片外 RAM

当片内 RAM 不足时，可以根据需要进行扩展，片外 RAM 最大为 64KB，地址范围为 0000H~FFFFH。此时，低 8 位地址 A0~A7 和 8 位数据 D0~D7 由 P0 端口分时传送，高 8 位地址 A8～A15 由 P2 端口传送。因此，只有在没有使用扩展的片外 RAM 时，P0 端口和 P2 端口才可以作为双向 I/O 口使用。

表 2-4　PSW 各标志位及其含义

位地址	标志位	各标志位含义	功能
D7H	CY	进（借）位标志位	常用 "C" 表示
D6H	AC	辅助进（借）位标志位	
D5H	F0	用户标志位	
D4H	RS1	工作寄存器组选择位 1	用于设定当前通用工作寄存器组的组号。RS1、RS0 的状态由软件设置，可选设置如下表，单片机开机或复位后，RS1、RS0 初始状态为 0、0，即默认使用第 0 组通用工作寄存器组。 表见下 | RS1	RS0	通用工作寄存器组	R0～R7 地址
0	0	0	00 H～07H
0	1	1	08 H～0FH
1	0	2	10 H～17H
1	1	3	18 H～1FH	
D3H	RS0	工作寄存器组选择位 0	
D2H	OV	溢出标志位	
D1H	—	保留位，无定义	—
D0H	P	奇偶标志位	在一个指令周期中，若累加器（ACC）中 "1" 的个数是奇数则 P=1，个数为偶数则 P=0

2.3.3　特殊功能寄存器

1. 概念

片内 RAM 的高 128B 区域为特殊功能寄存器区，是作为专用寄存器来使用的，故称为特殊功能（专用）寄存器（Special Function Register，SFR）。SFR 既可以使用寄存器的符号名称进行相应操作，也可以使用寄存器的单元地址进行操作。其中的 P0～P3、IE、IP、SCON、TCON、PSW 等 11 个专用寄存器除可以按字节寻址外，还可以按位寻址，如表 2-5 所示。

表 2-5　51 单片机的 SFR

寄存器符号	名　　称		字节地址
ACC	累加器		E0H
B	B 寄存器		F0H
PSW	程序状态寄存器		D0H
SP	堆栈指针		81H
DPTR	数据指针	DPH	83H
		DPL	82H
P0	P0 端口		80H
P1	P1 端口		90H
P2	P2 端口		A0H

续表

寄存器符号	名　　称	字节地址
P3	P3 端口	B0H
IP	中断优先级控制寄存器	B8H
IE	中断允许控制寄存器	A8H
TMOD	定时/计数器工作方式控制寄存器	C8H
TCON	定时/计数器控制寄存器	88H
TH0	定时/计数器 T0（高字节）	8CH
TL0	定时/计数器 T0（低字节）	8AH
TH1	定时/计数器 T1（高字节）	8DH
TL1	定时/计数器 T1（低字节）	8BH
SCON	串行口控制寄存器	98H
SBUF	串行口数据缓冲器	99H
PCON	电源控制寄存器	97H

2. 51 单片机 C 语言中的 SFR

如何访问 SFR？

单片机 C51 语言程序的 reg51.h 头文件里，定义了如下的字节寄存器。

```
/*  BYTE Registers  */
sfr P0=0x80;
sfr P1=0x90;
sfr P2=0xA0;
sfr P3=0xB0;
sfr PSW=0xD0;
sfr ACC=0xE0;
sfr B=0xF0;
sfr SP=0x81;
sfr DPL=0x82;
sfr DPH=0x83;
sfr PCON=0x87;
sfr TCON=0x88;
sfr TMOD=0x89;
sfr TL0=0x8A;
sfr TL1=0x8B;
sfr TH0=0x8C;
sfr TH1=0x8D;
sfr IE=0xA8;
sfr IP=0xB8;
sfr SCON=0x98;
sfr SBUF=0x99;
```

sfr 不是标准 C 语言的关键字，是 Keil 中用来定义 SFR 字节地址的关键字，从而在单片机 C51 语言程序中可以直接访问这些专用寄存器。

用法：

```
sfr 变量名=地址值
```

例如：

```
sfr P1=0x90;   //专用寄存器 P1 的地址为 90H，对应 P1 端口的 8 个 I/O 引脚
```

3. 应用

利用 89C51/S51 单片机实现单个 LED 灯控制的硬件电路如图 2-13 所示。

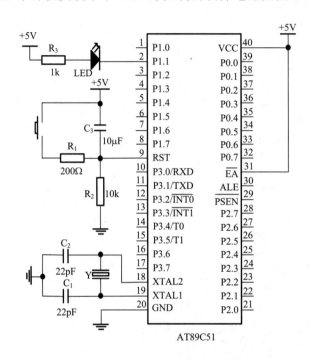

图 2-13　单个 LED 灯控制的硬件电路

针对上述硬件电路，通过操作专用寄存器 P1 就可以实现点亮或熄灭 LED 灯的控制。若要点亮 LED 灯，只需将 P1 寄存器的对应位设置为 0，输出低电平，程序为

```
P1.1=0;   //点亮 LED 灯
```

相应地，若要熄灭 LED 灯，则设置为 1，程序为

```
P1.1=1;   //熄灭 LED 灯
```

通过对寄存器操作，实现了程序控制硬件的这一核心思想。

【例 2-1】

```
#include <reg51.h>
void main( )
{
    P1=0xfd;    //对 P1 端口的 8 个引脚进行了赋值，注意，P 必须大写
```

```
    while(1);
}
```

这里的 P1=0xfe 是对 SFR 的 8 个位，即 P1 端口的 8 个引脚一起进行了赋值。如果
只是想控制其中一个引脚，即操作寄存器的某一位，就需要用到 sbit 关键字。在 C51 语
言中，利用 sbit 可访问 RAM 中的可寻址位和 SFR 中的可寻址位。如 reg51.h 头文件里，
定义了如下的位寄存器，这里使用了 Keil C 的关键字 sbit 来定义。

```
/*  BIT Register  */
/*  PSW   */
sbit CY=0xD7;
sbit AC=0xD6;
sbit F0=0xD5;
sbit RS1=0xD4;
sbit RS0=0xD3;
sbit OV=0xD2;
sbit P=0xD0;

/*  TCON  */
sbit TF1=0x8F;
sbit TR1=0x8E;
sbit TF0=0x8D;
sbit TR0=0x8C;
sbit IE1=0x8B;
sbit IT1=0x8A;
sbit IE0=0x89;
sbit IT0=0x88;

/*  IE   */
sbit EA=0xAF;
sbit ES=0xAC;
sbit ET1=0xAB;
sbit EX1=0xAA;
sbit ET0=0xA9;
sbit EX0=0xA8;

/*  IP   */
sbit PS=0xBC;
sbit PT1=0xBB;
sbit PX1=0xBA;
sbit PT0=0xB9;
sbit PX0=0xB8;

/*  P3   */
sbit RD=0xB7;
sbit WR=0xB6;
```

```
sbit T1=0xB5;
sbit T0=0xB4;
sbit INT1=0xB3;
sbit INT0=0xB2;
sbit TXD=0xB1;
sbit RXD=0xB0;

/*  SCON  */
sbit SM0=0x9F;
sbit SM1=0x9E;
sbit SM2=0x9D;
sbit REN=0x9C;
sbit TB8=0x9B;
sbit RB8=0x9A;
sbit TI=0x99;
sbit RI=0x98;
```

89C51/S51 单片机的 SFR 通常是由 8 个位（bit）组成，应用中可能仅用到其中的一两个引脚，这时就可以利用 sbit 对 SFR 中的某一位（bit）进行定义。

sbit 的用法有三种。

● 方法一：sbit 位变量名=寄存器地址值。

● 方法二：sbit 位变量名=特殊功能寄存器 SFR 名称^变量位地址值（0～7）。

● 方法三：sbit 位变量名=特殊功能寄存器 SFR 地址值^变量位地址值。

例如，定义 P0 中的 P0.1 脚可以用以下三种方法：

```
sbit P0_1=0x81      //0x81 是 P0.1 的位地址值
sbit LED1=P0^1      //其中 P0 必须先用 sfr 定义好
sbit P0_1=0x80^1    //0x80 就是 P0 端口在 SFR 的地址
```

这样就可以将【例 2-1】中的程序修改为

```
sfr P1=0x90;
sbit P1_1=0x91;
```

等效于

```
sbit P1_1=P1^1;
```

【例 2-2】

```
#include <reg51.h>
sbit LED1=P1^1; //将 P1 端口的引脚 1 命名为 LED1。注意：sbit 小写，P 大写
void main( )
{
  LED1=0;          //这里对 P1 端口的引脚 1 赋值 0
  while(1);
}
```

2.4　单片机时序与复位

2.4.1　时序

89C51/S51 单片机的时序系统是由振荡周期、状态周期、机器周期、指令周期组成。

振荡周期（P）：晶振的振荡周期，又称时钟周期或节拍，为单片机最小的时序单位。

状态周期（S）：振荡频率经单片机内的二分频器分频后提供给片内 CPU 的时钟周期。因此，一个状态周期包含 2 个振荡周期。

机器周期：1 个机器周期由 6 个状态周期，即 12 个振荡周期组成，是计算机执行一种基本操作的时间单位。

指令周期：执行一条指令所需的时间。一个指令周期由 1～4 个机器周期组成，依据指令的不同而不同。

上述不同周期之间的关系如图 2-14 所示。通常将晶振振荡频率记为 f_{osc}，那么一个晶振振荡周期为 $1/f_{osc}$，一个状态周期为 $2/f_{osc}$，一个机器周期为 $12/f_{osc}$。

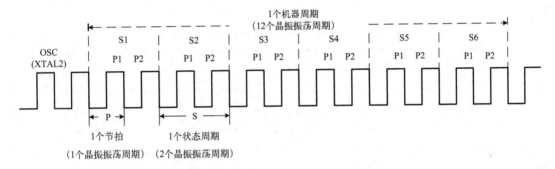

图 2-14　89C51/S51 单片机的时序系统

在以上 4 种时序单位中，振荡周期和机器周期是单片机内计算其他时间值（如波特率、定时器的定时时间等）的基本时序单位。单片机外接 12MHz 晶振时的各种时序单位的大小如下。

- 振荡周期 $= \dfrac{1}{f_{osc}} = \dfrac{1}{12\text{MHz}} = 0.0833\mu\text{s}$

- 状态周期 $= \dfrac{2}{f_{osc}} = \dfrac{2}{12\text{MHz}} = 0.167\mu\text{s}$

- 机器周期 $= \dfrac{12}{f_{osc}} = \dfrac{12}{12\text{MHz}} = 1\mu\text{s}$

- 指令周期=（1～4）机器周期=1～4μs

【例 2-3】不精确延时函数。

若晶振频率为 12MHz，即一个机器周期为 1μs，则实现延时 1ms 的延时函数程序如下。

```
//延时1ms
void Delay_ms(unsigned int n)
{
  unsigned int i=0,j=0;
  for(i=0;i<n;i++)
    for(j=0;j<390;j++);
}
```

实现延时 1ms 的程序，只需调用 Delay_ms(1000)即可。那么延时函数 Delay_ms()的延时时间是如何计算出来的呢？延时的准确度高吗？验证方式请参考本书第 4 章仿真与调试一节的内容。

2.4.2　复位

89C51/S51 单片机的复位用于实现单片机的初始化，目的是使单片机从一种确定的状态开始运行。

89C51/S51 单片机复位后并不改变片内 RAM 区中的内容，单片机复位后的 PC 及 SFR 的状态如表 2-6 所示。

表 2-6　89C51/S51 单片机复位后各寄存器的值

寄存器	复位值
PC	0000H
ACC	00H
PSW	00H
SP	07H
DPTR	0000H
TCON	00H
TL0	00H
TH0	00H
TL1	00H
TH1	00H
P0	FFH
P1	FFH
P2	FFH
P3	FFH
IP	xx000000B
IE	0xx00000B
TMOD	00H
SCON	00H
SBUF	不定
PCON	0xxx0000B

注：表中符号 x 表示随机状态。

值得指出的是，记住一些特殊功能寄存器复位后的状态，对于熟悉单片机操作，减短应用程序中的初始化部分是十分必要的。

习题与思考

一、填空题

1．89C51/S51 单片机复位后程序计数器的值是＿＿＿＿＿＿。

2．89C51/S51 单片机复位有＿＿＿＿和＿＿＿＿＿两种实现方式。

二、选择题

1．提高 89C51/S51 单片机的晶振频率，则机器周期（　　）。

 A．变短   B．变长   C．不变   D．不定

2．在访问片外存储器时，低 8 位地址和数据由（　　）端口分时传输，高 8 位地址由（　　）传送。

 A．P0,P1   B．P0,P2   C．P1,P2   D．P0,P3

3．89C51/S51 单片机的执行程序一般存放在（　　）。

 A．片内 RAM B．片内 ROM C．片外 ROM D．非片外 ROM

三、简答题

1．89C51/S51 单片机的存储器从物理结构上可以分为几个空间？

2．89C51/S51 单片机的最小系统包括几部分，并绘制单片机的最小系统电路图。

第3章 单片机开发环境搭建

单片机是一门实践性比较强的课程，本章重点介绍 89C51/S51 单片机常用开发工具 Keil C51 软件，通过 Proteus 仿真软件搭建单片机在线仿真环境，引导学生掌握仿真和调试方法。通过一个 LED 发光二极管亮灭控制程序，简单介绍单片机开发的一般流程。

知识目标

1. 了解 89C51/S51 单片机常用的开发工具；
2. 理解 89C51/S51 单片机的开发流程。

能力目标

1. 能够独立搭建 89C51/S51 单片机的开发环境；
2. 掌握 Keil C51 软件的使用方法；
3. 掌握 89C51/S51 单片机的仿真和调试方法。

课程思政与职业素养

1. 推广国产单片机芯片，在高校中推广国产自主产权的行业软件（如立创 EDA 软件、STC_ISP 下载软件），打造国产软件的生态链，构建国产行业应用软件的生态系统；

2. 通过搭建单片机开发环境，培养学生的职业素养，强化职业素质训练。

3. 硬件拆解：北斗导航仪。当前物联网、人工智能蓬勃发展，自动驾驶、导航等领域国际竞争日趋激烈，当前我国自主研发的北斗定位导航系统已广泛应用在汽车所用导航设备中，北斗定位导航系统的核心技术已取得突破进展，整体应用进入产业化、规模化、国际化的新阶段。导航仪为一个典型的嵌入式系统设备，以此案例引导学生怀揣科技报国的信心，为国产定位导航仪的开发和应用而努力学习，弘扬爱国精神，提升民族自豪感。

3.1 单片机开发工具——集成开发环境 Keil C51

所谓集成开发环境（Integrated Development Environment，IDE），就是将编辑器、编译器、调试器等功能模块集成在一起，构建成一个完整的系统开发的平台。编辑器包括记事本、Notepad++等，编译器用于将高级语言（如 C 语言）编写的程序代码编译成单片机能够识别和执行的机器代码，调试器用于调试和仿真程序及检测程序 Bug。

单片机常用的集成开发环境有 Keil、IAR。Keil C51 是 Keil 公司（现已被 ARM 公司收购）设计的一款针对 8051 系列单片机的集成开发环境，该集成开发环境集成了 C 编译器、宏汇编、链接器、库管理和仿真调试器等功能模块。

3.1.1 Keil C51 软件下载

Keil C51 作为 8051 系列单片机的主流开发工具，支持常用的 AT89 系列、STC89 系列及 STC12 系列单片机等。下载页面如图 3-1 所示。

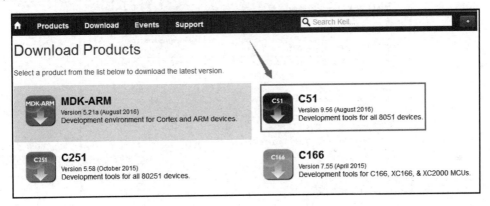

图 3-1　Keil C51 下载页面

3.1.2 Keil C51 软件安装

双击 c51v960a.exe，出现如图 3-2 所示的安装界面。单击"Next"按钮，进入下一步。

勾选用户许可协议，如图 3-3 所示。单击"Next"按钮，进入下一步。

设置安装路径，默认安装在 C 盘 Keil_v5 文件夹下，用户若更改安装路径和文件夹，应尽量使用英文命名，以避免使用时出现异常情况，如图 3-4 所示。单击"Next"按钮，进入下一步。

填入用户相关信息，比如邮箱等，如图 3-5 所示。

输入用户信息后，单击"Next"按钮，软件就开始自动安装。图 3-6 为 Keil C51 软件的开发界面。由于 Keil C51 是收费软件，因此免费评估版有编译后的程序不能超过 2KB 的限制。

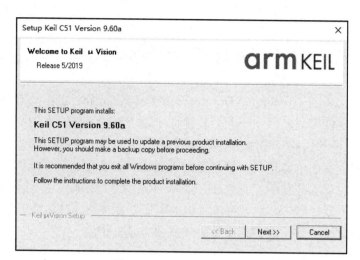

图 3-2　Keil C51 安装界面

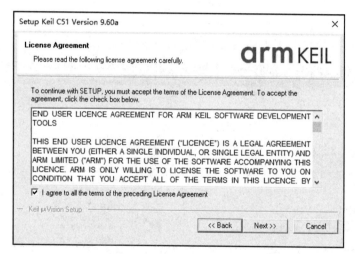

图 3-3　勾选用户许可协议

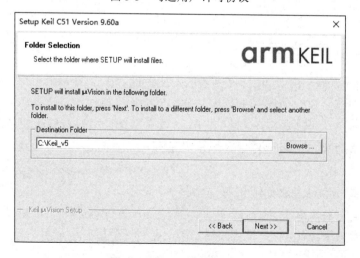

图 3-4　Keil C51 安装路径

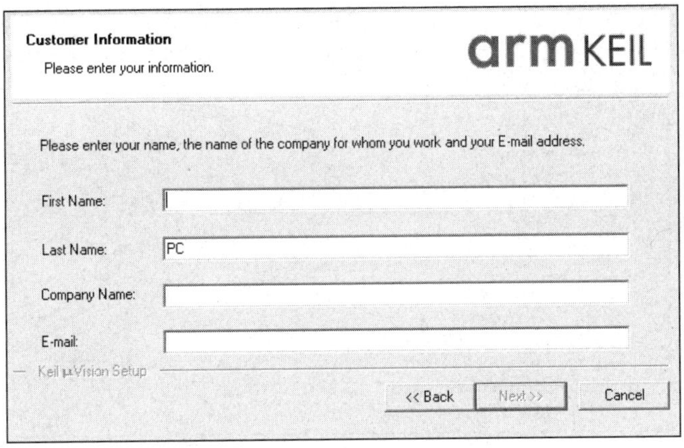

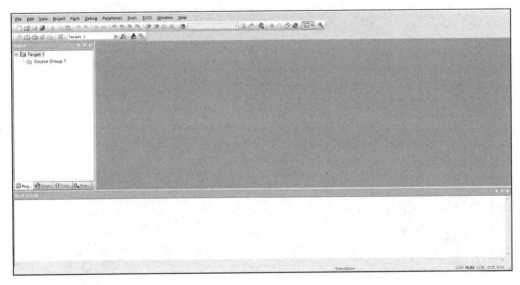

图 3-5　填入用户相关信息

图 3-6　Keil C51 软件的开发界面

3.1.3　Keil C51 新建工程

下面介绍在 Keil C51 开发环境中新建一个工程的步骤。

（1）Keil C51 采用工程（Project）的概念对工程进行项目式的管理，因此在新建工程之前，需要先在桌面或其他盘新建一个存放工程的文件夹，这里命名为"Demo"。

（2）双击 μVision 图标启动 Keil C51 软件，在菜单栏中选择"Project"下拉菜单中的"New μVision Project"（新建工程）选项，如图 3-7 所示。

（3）在弹出的对话框中，选择项目存放的文件夹位置 Demo，并在"文件名"文本框中输入新建工程的名称，这里命名为"test"，如图 3-8 所示。

（4）单击"保存"按钮，出现如图 3-9 所示的"Select Device for Target 'Target 1' "对话框，选择所使用的单片机型号。

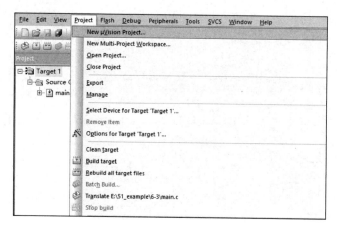

图 3-7　新建工程菜单

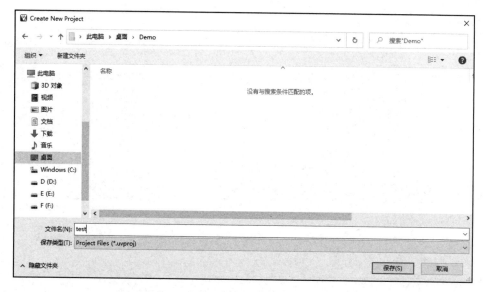

图 3-8　新建工程名称

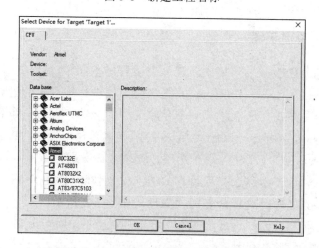

图 3-9　Keil C51 支持的单片机芯片列表

Keil C51 支持众多半导体厂商的单片机产品及型号,这里选择 Atmel 公司的 AT89C52 系列单片机,如图 3-10 所示。

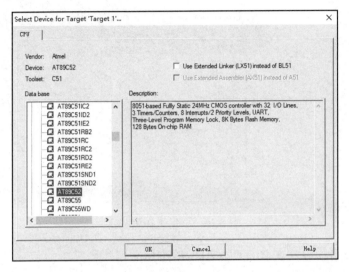

图 3-10 选择单片机芯片,这里选择 AT89C52

(5)单击"OK"按钮,弹出如图 3-11 所示的添加启动代码对话框,单击"是"按钮,表示添加启动文件 STARTUP.A51 文件到新建的工程中,STARTUP.A51 文件为 89C51/S51 启动代码,一般采用汇编语言编写。

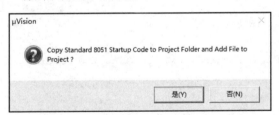

图 3-11 选择是否添加启动文件到新建的工程中

工程创建完之后,就可以在左侧的工程栏看到整个工程架构,包含启动文件 STARTUP.A51,如图 3-12 所示。

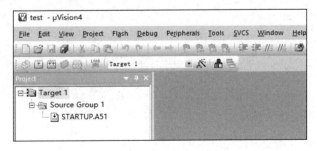

图 3-12 新建工程的工程架构

（6）新建 C51 源文件。在 Keil C51 菜单栏中选择"File"下拉菜单中的"New File"选项，如图 3-13 所示。

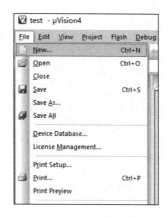

图 3-13　新建工程源文件

该操作将新建一个默认名为"Text1"的空白文档，如图 3-14 所示。

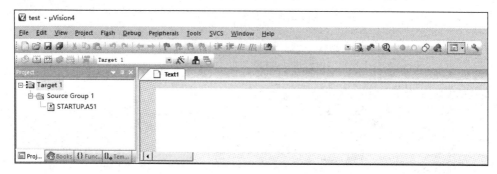

图 3-14　Keil C51 文本编辑窗口

在此窗口中进行程序的编辑，输入以下程序。

```
#include <reg51.h>
void Delay(void)
{
    unsigned char i,j;
    for(i=0; i < 255; i++)
     for(j=0; j< 255; j++);
}
void main(void)
{
    P1=0xff;
    while(1)
    {
        P1=0xfe;
        Delay();
```

```
            P1=0xff;
            Delay();
        }
    }
```

（7）保存 C51 源文件。在菜单栏中选择"File"下拉菜单中的"Save"选项，弹出"保存"对话框，在此对话框中输入保存的文件名称，其后缀名为.c，如图 3-15 所示。

图 3-15　保存源文件

（8）添加 C51 源文件到工程目录中。在工程窗口中，右击"Source Group 1"，在弹出的菜单中选择"Add Files to Group 'Source Group 1'"选项，如图 3-16 所示。

图 3-16　添加源文件到工程目录中

（9）在弹出的对话框中，选中刚才的源文件，单击"Add"按钮，即可将 main.c 添加到工程 Demo 中，如图 3-17 所示。

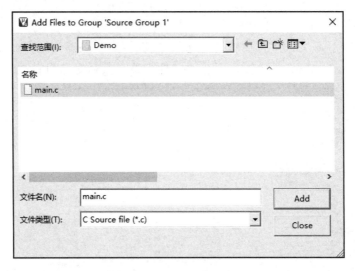

图 3-17　添加 mian.c 源文件到工程 Demo 中

（10）工程参数设置。在菜单栏中选择"Project"下拉菜单中的"Option for Target 'Target 1'"选项，或者单击快捷工具栏中的"魔法棒" 按钮，在"Target"选项页中设置单片机的时钟晶振频率，如图 3-18 所示。"Xtal(MHz)"后面的数值为时钟晶振频率，该值与最后产生的目标代码无关，仅用于软件仿真时显示程序执行时间，一般与单片机硬件所用频率设为同一值，常选 12MHz 或 11.0592MHz。

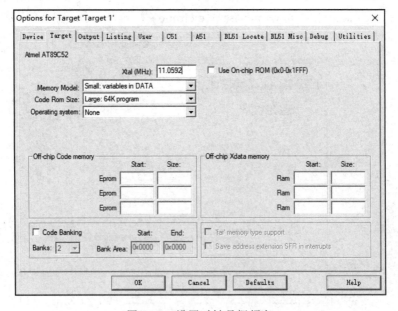

图 3-18　设置时钟晶振频率

"Memory Model"用于设置 RAM 的使用情况，设置为"Small: variables in DATA"；"Code Rom Size"用于设置 ROM 的空间，设置为"Large: 64K program"；"Operation system"用于选择操作系统，一般不用操作系统，选择"None"；"Use On-chip ROM"用于是否使用片内 ROM；"Off-chip Code memory"用于确定系统扩展 ROM 的地址范围；"Off-chip XData memory"用于确定系统扩展 RAM 的地址范围。这些参数需根据应用系统的硬件需求来决定。

（11）设置并创建 HEX 文件。在"Output"选项页中，勾选"Create HEX File"复选框，如图 3-19 所示。

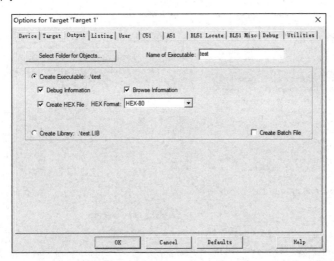

图 3-19　设置并创建 HEX 文件

（12）程序编译。单击"OK"按钮，完成整个工程的创建。此时可以单击快捷工具栏中的"编译"按钮，进行项目编译，编译完成后，会在编译输出区显示编译结果，若编译无错误，则会生成 HEX 文件，如图 3-20 所示。

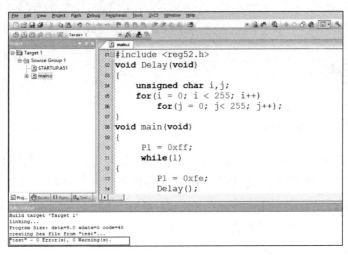

图 3-20　程序编译

45

3.2 STC_ISP 程序下载工具

由于 89C51/S51 单片机自身资源的局限性，如内存较小，不能安装和运行开发软件，因此单片机开发大多采用交叉编译的方式，即在通用 PC 上安装 Keil C51 等开发工具编写程序，编译生成后缀为.hex 的文件后，通过程序烧录工具下载到单片机的 ROM 中，由单片机执行程序。

STC_ISP 为宏晶科技的一款针对 STC 系列单片机的程序下载工具，其界面如图 3-21 所示。

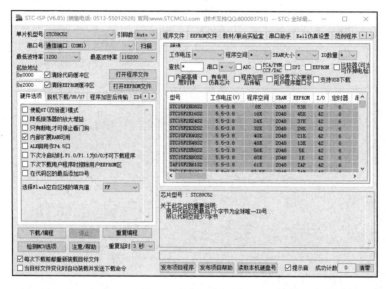

图 3-21　STC_ISP 程序下载工具界面

STC_ISP 是通过 89C51/S51 的串行口信号线进行下载的，由于现在的通用 PC 和笔记本电脑上已很少带串行口这种接口，一般多使用 USB 转串口线连接 PC 和单片机，实现程序下载，因此需要安装相应的 USB 转串口的驱动，如 CH340。

3.3 其他工具

3.3.1 集成开发环境 IAR

IAR 是一家公司（瑞典 IAR Systems 公司）的名称，也是一种集成开发环境的名称，IAR 针对不同的内核处理器，拥有多种版本的 IAR 集成开发环境，如图 3-22 所示。

IAR Embedded Workbench for 8051 是一款对用户友好、使用方便的嵌入式应用编程开发工具，主要用于 8051 内核系列单片机的开发，该集成开发环境中包含了对用户友好的 IAR 的编辑器、高度优化的针对 8051 的 C/C++编译器，具有重新定位的汇编工具、链接器及 C-SPY 调试器，具备强大的工程管理器和库管理器，如图 3-23 所示。

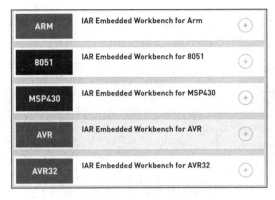

图 3-22 不同版本的 IAR 集成开发环境

图 3-23 IAR Embedded Workbench for 8051 介绍

IAR Embedded Workbench for 8051 下载界面如图 3-24 所示。

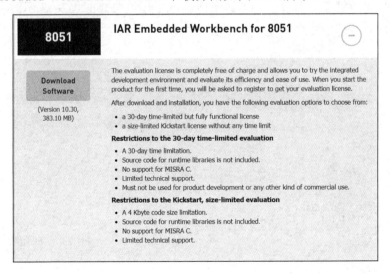

图 3-24 IAR Embedded Workbench for 8051 下载界面

IAR Embedded Workbench for Arm 主要用于 ARM 处理器的软件开发，支持的器件包

含 Cortex-A、Cortex-R 和 Cortex-M 等系列，如常见的 STM32、LPC18 等 Cortex-M 系列微处理器。其下载界面如图 3-25 所示。

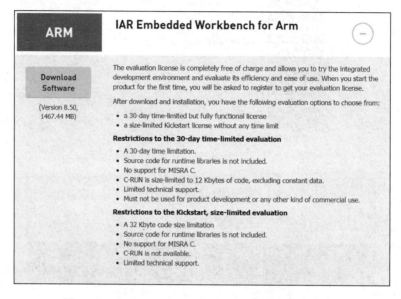

图 3-25　IAR Embedded Workbench for Arm 下载界面

3.3.2　代码编辑器 Notepad++

Notepad++开源免费，占用资源少，支持多种语言，包括 C、C++、Java、C#、Python、R、HTML、PHP、Verilog 等，具有代码补全、语法高亮等功能，可根据语法节点自由折叠或打开，支持鼠标滚轮改变文档显示比例，工作界面如图 3-26 所示。

```
1  #include <reg51.h>
2  void Delay(uint x)
3  {
4      uint u,m;
5      for(n = 0;n < x;n++)
6          for(m = 0;m < 2000;m++)
7  }
8  void main(void)
9  {
10     ...
11     IT0 = 0; //设置外部中断0的中断触发方式：这里为低电平有效
12     PX0 = 1; //设置外部中断0为高优先级
13     EX0 = 0; //打开外部中断0
14     EA  = 1; //开总中断
15     ...
16     while(1)
17     {
18         ...//非中断事务处理模块
19     }
20 }
21 void 中断函数名(void) interrupt n[using m]
22 {
23
24     ...
25 }
```

图 3-26　Notepad++工作界面

3.3.3　Proteus 仿真软件

对于初学者，利用仿真软件可以快速搭建 89C51/S51 的开发平台，验证程序，调试 Bug。

Proteus 作为一款集电路设计、PCB 制版及仿真于一体的多功能 EDA 工具，以其强大的仿真功能和易操作性，广泛应用于单片机电路的开发、仿真和调试，支持 51 系列、AVR、PIC、ARM 等主流单片机的仿真。图 3-27 为 Proteus 界面的单片机电路设计图。

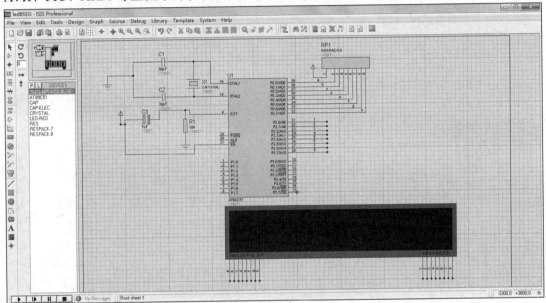

图 3-27　Proteus 界面的单片机电路设计图

1. Proteus ISIS 工作界面

单击电脑屏幕左下方的"开始"—"程序"—"ISIS 7 Professional"或者双击 ISIS 7 Professional 图标，启动 Proteus ISIS 软件，启动界面如图 3-28 所示。

图 3-28　Proteus ISIS 启动界面

Proteus ISIS 工作界面是一种标准的 Windows 界面，如图 3-29 所示，包括标题栏、菜单栏、标准工具栏、绘图工具栏、图形编辑窗口、预览窗口、预览对象方位控制按钮、编辑对象选择按钮、对象选择窗口、仿真进程控制按钮及状态栏。

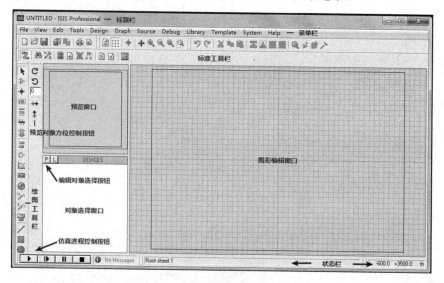

图 3-29　Proteus ISIS 工作界面

2. Keil C51 与 Proteus 仿真

1）单片机硬件电路设计

电路的核心控制元件是 AT89C51，单片机的 XTAL1 和 XTAL2 连接晶振电路，RST 连接复位电路，EA 接电源，单片机的 P0 端口连接 LED 显示的段选码（a,b,c,d,e,f,g,dp），P2 端口连接 LED 显示器的位选码（1,2,3,4,5,6,7,8），排阻 RP1 起限流作用，标号连接方式使电路变得简洁。

2）程序设计

利用 Keil C51 软件编程实现 LED 显示器的选通并显示字符 0～7。

3）电路图绘制

将电路图中所需元器件加入对象编辑窗口。首先单击绘图工具栏中的"选择元件"按钮，然后单击"对象选择"按钮，弹出"Pick Devices"界面，在"Keywords"栏输入"AT89C51"，系统在对象库进行搜索查找，并将搜索结果显示在"Results"栏中，如图 3-30 所示。

在"Results"栏的列表中，选中"AT89C51"选项，单击"OK"按钮，即可将"AT89C51"添加到对象选择窗口，然后依次在"Keywords"中输入 CAP、CAP-ELEC、RES、RESPACK-8、CRYSTAL、7SEG-MPX8-CA-BLUE，按照单片机"AT89C51"的查找和添加过程将电容、电解电容、电阻、排阻、晶振和 8 位 LED 显示器添加到对象选择窗口，添加元件成功后的界面如图 3-31 所示。若单击"AT89C51"按钮，在预览窗口可以看到 AT89C51 的实物图，预览元件界面如图 3-32 所示，其他器件可参考操作。

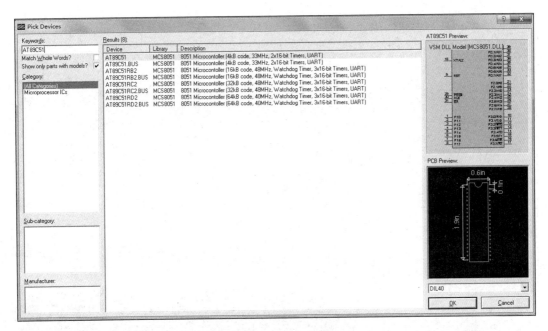

图 3-30　搜索结果显示

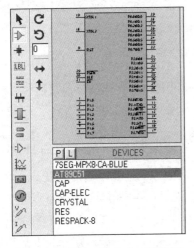

图 3-31　添加元件成功后的界面

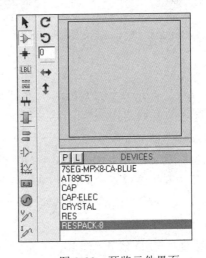

图 3-32　预览元件界面

　　由于电路还需要电源和地元件，故需单击"终端模式"按钮，选中"POWER"和"GND"选项，即可将电源和地元件添加到图形编辑窗口。

　　放置元件到图形编辑窗口。在对象选择窗口中选中"RES"选项，将鼠标放置于图形编辑窗口该对象的预放置位置，单击鼠标左键，则该对象完成放置。如果需要对放置位置进行移动，将鼠标放置在该元件上，单击鼠标右键，此时该对象的颜色已经变为红色，表明该对象已经被选中，然后按下鼠标左键，拖动鼠标，将对象移动至新的位置后，松开鼠标，即可完成移动操作。同理，将其他元件（包括电源、地）依次放置到图形编辑窗口的合适位置，其放置界面如图 3-33 所示。

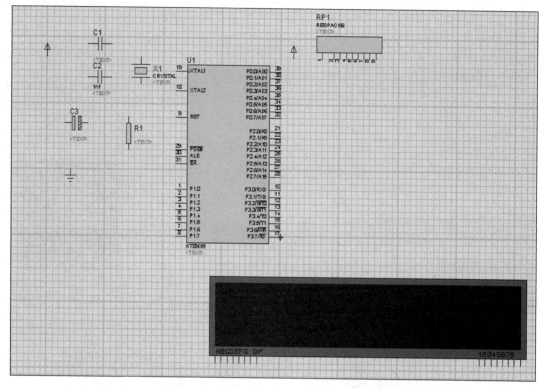

图 3-33　放置元件至图形编辑窗口界面

元器件之间的连接　Proteus 具有线路自动路径功能，一般默认自动打开。下面以操作电容 C3 的右端连接到电阻 R1 的上端为例进行介绍，当鼠标的指针靠近 C3 右侧的连接点时，跟着鼠标的指针会出现一个×号，表示找到了 C3 的连接点，单击鼠标左键，移动鼠标，将鼠标的指针靠近电阻 R1 的上端连接点时，鼠标指针会出现一个×号，表示找到了 R1 的连接点，同时出现红色的连接，单击鼠标左键，连接线变成绿色，完成连接。同理，可以完成其他连线。如果画线的过程中需要放弃连接，可以单击鼠标右键或按"ESC"键。

电路图中 LED 显示器和单片机的 P0 端口和 P2 端口之间通过导线贴标签方式完成连接，下面以操作 P2.0 与 LED 显示器的 1 端连接为例进行介绍。首先在 P2.0 和 LED 显示器的 1 端画一段连接线，然后单击绘图工具栏的"导线标签"按钮，将鼠标放在 P2.0 的连接线处，线上会出现×号，单击鼠标左键，弹出"编辑导线标签"对话框，如图 3-34 所示。

在"编辑导线标签"对话框的"String"栏中，输入标签名称"1"，单击"OK"按钮，结束对该导线的标签编辑，然后，在 LED 显示器的 1 端也输入标签名称"1"，保证相互连通的导线具有相同的标签名称。同理，其他 P0 端口和 P2 端口的端子与对应 LED 显示器的端子也标注导线标签。完整电路图如图 3-35 所示。

注意：在电路绘制过程中注意保存，自己新建一个文件夹，将绘制图形保存到该文件夹中，方便后续查找使用。

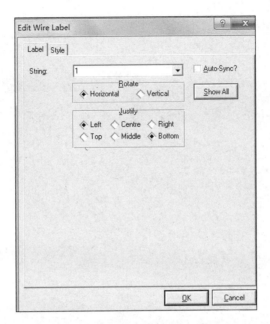

图 3-34 "编辑导线标签"对话框

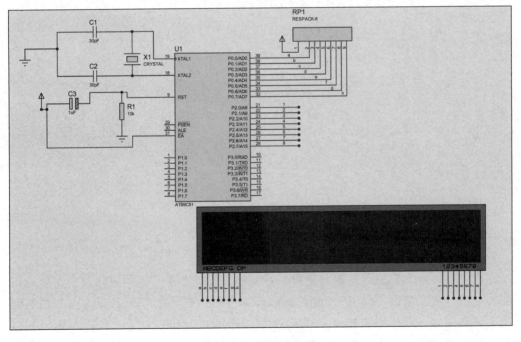

图 3-35 完整电路图

3. Keil C51 与 Proteus 仿真过程

1）打开 Keil C51 集成开发环境

创建一个新的项目，并为该项目选定合适的单片机型号，并将源程序添加入项目。源程序如下。

```
#include <reg51.h>
unsigned char Table[]={0xC0,0xf9,0xA4,0xB0,0x99,0x92,0x82,0xf8,0x80,
0x90};
unsigned char wei[]={0x01,0x02,0x04,0x08,0x10,0x20,0x40,0x80};

void delay(unsigned int ms)
{
    unsigned char j;
    while(ms--) for(j=0;j<120;j++);
}

void main()
{
    unsigned int i=0;
    P0=0xff;
    P2=0x00;
    while(1)
    {
        P0=0xff;
        P0=Table[i];
        P2=wei[i];
        delay(5);
        i++;
        if(i==8)
        {
            i=0;
        }
    }
}
```

2）编译

在 Keil C51 中编译 C 语言源文件并生成目标文件 8ledseg.hex。

3）Proteus 的设置

进入 Proteus ISIS 的图形编辑窗口，将鼠标光标放在单片机的中间，单击单片机使其变为红色，再次单击，弹出"Edit Component"对话框，在"Program File"栏右侧，单击文件夹图标，选择刚才 Keil C51 软件生成的 8ledseg.hex 文件，单击"OK"按钮，完成程序下载过程，程序加载完成界面如图 3-36 所示。

4）Proteus 与 Keil C51 仿真调试

单击"仿真运行开始"按钮 ▶，能非常清楚地观察到每一个引脚的电平变化，红色代表高电平，蓝色代表低电平。在 LED 显示器上，可以看到显示 01234567，电路仿真结果图如图 3-37 所示。

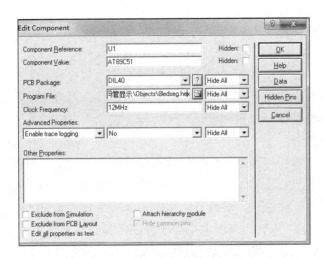

图 3-36　程序加载完成界面

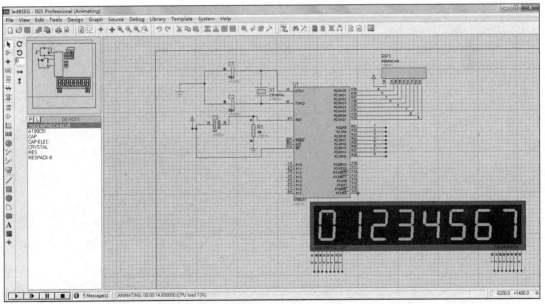

图 3-37　电路仿真结果图（彩图请扫二维码）

3.4　单片机系统开发流程

单片机系统开发的一般流程通常分为以下几个步骤。

1）系统设计

一个单片机应用系统需要首先明确设计要求，根据设计要求确定设计思路，根据设计思路确定设计方案，绘制系统组成框图。

2）硬件电路设计

根据系统需求，按照系统组成架构和设计方案，利用电路图设计软件 Altium Designer

或其他设计软件进行硬件电路的设计。

3）系统软件设计

系统软件设计一般包括数据采集和处理程序、控制算法实现程序、人机交互程序和数据管理程序。一般根据功能设计要求，将软件按模块化独立设计。注意软件设计时需要把每个模块的软件设计流程图画出，以便编程实现。

4）系统调试与运行

调试分硬件调试和软件调试。硬件调试主要确保硬件设计部分符合设计要求，确定硬件无故障后，便可进行软件调试。软件调试可以采用模块化程序设计分别进行模块化调试，确认各个模块软件能正常运行后，再进行系统程序总调试。

以点亮一个 LED 灯为例，该例中单片机控制任务是点亮一个 LED 灯，需要确定使用单片机哪个 I/O 端口进行控制，假设此处使用 P1.0，点亮 LED 灯可以高电平点亮也可以低电平点亮，此处使用低电平驱动 LED 灯。

1. LED 控制系统的硬件电路设计

在最小系统电路的基础上，P1.0 低电平控制 LED 灯点亮。根据二极管的单向导电特性，P1.0 引脚接 LED 的阴极，LED 的阳极通过阻值为 1kΩ 的限流电阻 R 连接到 5V 电源上，当 P1.0 引脚输出低电平时，LED 灯亮。LED 控制系统的硬件电路图如图 3-38 所示。

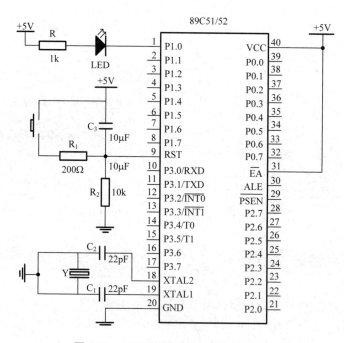

图 3-38　LED 控制系统的硬件电路图

2. 编写点亮一个 LED 灯的程序

点亮一个 LED 灯的 C 语言源程序 led.c 如下。

```
#include  <reg51.h>        //包含 AT89C51 的头文件
sbit LED=P1^0;             //定义 LED 为 P1.0 引脚
void main( )
{
    LED=0;                 //P1.0 输出低电平点亮 LED 灯
    while (1) ;
}
```

程序编写说明：

（1）#include<reg51.h>语句是一个文件包含的意思，是将 reg51.h 中的头文件的内容都包含进来。这里程序中包含 reg51.h 头文件是为了使用 P1^0 这个符号，即通知 C 编译器，程序中所写的 P1^0 是指 AT89C51 单片机的 P1.0 引脚。

（2）P1.0 不能直接使用，这里用"sbit LED=P1^0"就是定义符号 LED 来表示 P1.0 引脚，也可以用 P1_0 或 P10 一类的名字。

（3）"LED=0;"语句是 P1.0 引脚输出低电平，点亮发光二极管。因为单片机只能处理二进制数字，所以编程时用 0 和 1 来代替高低电平，以点亮或者熄灭发光二极管。

（4）"while（1）;"语句的表达式是 1，也就是说 while 语句的表达式始终为真，进入死循环，LED 灯始终点亮。

（5）Keil C51 支持 C++风格的注释，可以用"//"进行注释，也可以用"/*......*/"进行注释。

3．程序下载

将源程序编译生成可执行的 HEX 文件 led.hex。

通过 STC_ISP 程序下载工具，将软件生成的目标文件 led.hex 下载到单片机系统，即可验证。

习题与思考

1．简述单片机系统开发的一般流程。

2．利用专业绘图软件绘制 AT89C51 的最小系统电路图。

3．简述 Proteus 仿真软件搭建单片机仿真环境的开发步骤。

4．用 Keil C51 设计一个流水灯的程序，利用 Proteus 仿真软件进行验证。

第4章 通用输入/输出(通用 I/O)

通用 I/O 为单片机的最基本的功能之一,是单片机与外围设备进行信息交互的输入/输出通道,I/O 引脚数量决定单片机的性能强弱。I/O 引脚有两种功能,一种为通用的 I/O 功能,另一种为第二功能,仅部分引脚具备。本章从输入与输出两种功能分别进行介绍,并通过具体实例阐述 Keil C51 软件的仿真调试方法。

▶▶ 知识目标

1. 理解通用 I/O 的基本概念;
2. 理解 89C51/S51 单片机通用 I/O 的内部结构;
3. 理解和掌握通用 I/O 的输入/输出的工作模式。

▶▶ 能力目标

1. 掌握通用 I/O 的输出功能;
2. 掌握通用 I/O 的输入功能;
3. 能根据应用需求进行通用 I/O 的应用实践。

▶▶ 课程思政与职业素养

1. 通过 I/O 变量、标识符等的命名规则,引导学生做事做人要遵守规则,遵守国家法律法规;
2. 文本、图片、视频的本质都是二进制序列,经过不同的加工处理可产生不同的结果,量变产生质变;
3. 通过 I/O 程序编程,培养学生的职业素养,强化职业素质训练。

4.1　通用 I/O 端口

I/O（Input/Output）端口是单片机与外部世界进行信息交互的通道。对外表现为单片机的 I/O 引脚，对内对应单片机 RAM 中的特殊功能寄存器各寄存器单元，如 89C51/S51 单片机的 P0 端口、P1 端口、P2 端口、P3 端口，每个端口各对应单片机的 8 个 I/O 引脚，可独立地进行信息的输入/输出，I/O 引脚能够进行信息传输的实质是往该 I/O 引脚所对应的寄存器写入和读出 0（低电平）或 1（高电平），如图 4-1 所示。

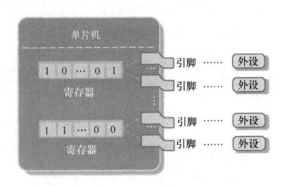

图 4-1　I/O 引脚与寄存器之间的关系

89C51/S51 单片机的 P0 端口、P1 端口、P2 端口、P3 端口所对应的各 I/O 引脚，进行最基本的输入/输出操作，称为通用 I/O。除此之外，P0 端口、P2 端口、P3 端口还具有第二功能，比如 P0 端口可用作扩展外部存储器的低 8 位地址线（A0～A7）或数据线（D0～D7），P2 端口可用作扩展外部存储器的高 8 位地址线（A8～A15），P0 端口的低 8 位与 P2 端口的高 8 位就构成了 16 位的地址总线（A0～A15）；P3 端口的 8 个引脚都具有第二功能，其中 P3.0 可用作串行通信接口的接收端，P3.1 用作串行通信接口的发送端。本节仅介绍 I/O 引脚的通用功能：输入和输出功能。P3 端口的第二功能在后续对应章节中介绍。

4.1.1　并行 I/O 端口结构

89C51/S51 单片机共有 4 个 8 位并行 I/O 端口，分别用 P0 端口、P1 端口、P2 端口、P3 端口表示。STC89C52 具有 5 个通用 I/O 端口，分别为 P0 端口、P1 端口、P2 端口、P3 端口、P4 端口，其中 P4 端口只有 7 个（P4.0～P4.6）。

P0 端口、P1 端口、P2 端口、P3 端口的内部结构如图 4-2 所示。这 4 个 I/O 端口内部都包含一个锁存器、一个输出驱动器和输入缓冲器。作为输出端口使用时，数据可以锁存，作为输入端口使用时，数据可以缓冲。实际应用中，将 I/O 端口作为专用寄存器（特殊功能寄存器）与 RAM 进行统一编址，即把单片机外部 64KB 的 RAM 空间的一部分作为扩展 I/O 端口的地址空间来使用，这部分空间具有字节寻址和位寻址功能，因此可以通过位地址和字节地址对 P0～P3 端口的 8 个 I/O 线进行操作。

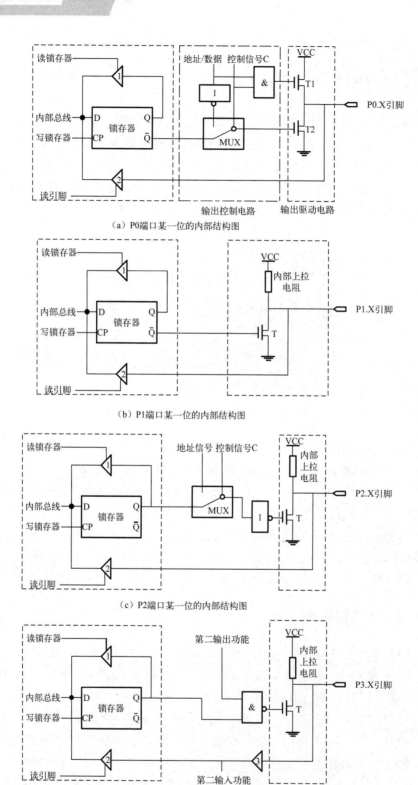

（a）P0端口某一位的内部结构图

（b）P1端口某一位的内部结构图

（c）P2端口某一位的内部结构图

（d）P3端口某一位的内部结构图

图 4-2　并行 I/O 端口的内部结构图

锁存器与寄存器都是用来暂存数据的器件，本质上并没有区别，两者只是应用场合不同。寄存器是由触发器组成的能够存储一组二进制代码的同步时序逻辑电路，属于边沿触发；而锁存器（Latch）是由 D 触发器构成的能存储多位二进制代码的时序逻辑电路，但使用电平触发方式。

寄存器的输出端一般不随输入端的变化而变化，只有在时钟信号（边沿信号）有效时才将输入端的数据送至输出端（打入寄存器）；而对于锁存器，只要使能信号（电平信号）满足要求（如高电平），则输出就与输入状态相同，当使能信号改变时（对应高电平使能，此时使能信号出现负跳变），将输出端的状态锁存起来，就能使其不再随输入端的变化而变化，因此，锁存器具有使能性的锁存电平功能。

寄存器和锁存器的应用场合取决于控制方式及控制信号和数据之间的时间关系：若数据有效一定滞后于控制信号有效，则只能使用锁存器；若数据提前于控制信号到达并且要求同步操作，则需要用寄存器来存放数据。锁存器在单片机的 I/O 端口中用于缓存数据，解决一个 I/O 端口既能输出也能输入的问题。

P1 端口、P2 端口、P3 端口用作通用输入/输出端口时，其输出端接有上拉电阻，因此可以直接输出高电平和低电平，而 P0 端口内部没有上拉电阻，是一个真正的双向口，引脚内的是一个开漏结构，用作通用的 I/O 端口使用时，需外接上拉电阻，才能输出高电平。另外，P0 端口比其他端口多了一个场效应管 T1，增加了驱动能力，因此，P0 端口的驱动能力相对较大。

P0 端口内部有一个多路转换开关 MUX，当连接控制信号 C 时，作为普通的 I/O 端口使用，当连接地址/数据时，则作为低 8 位的地址和 8 位数据的复用总线使用，与 P2 端口的高 8 位地址线，组成 16 位的地址总线。

4.1.2　通用 I/O 端口使用小结

（1）P0 端口、P1 端口、P2 端口、P3 端口的电平与 CMOS、TTL 电平兼容。

（2）P0 端口的每一位可驱动 8 个低功耗肖特基型 TTL 门电路（LS TTL 门电路），其内部没有上拉电阻，因此，P0 端口作为通用 I/O 端口使用时，需外接 10kΩ的上拉电阻。用作地址/数据分时复用总线时，无须外接上拉电阻。

注意：上拉就是将不确定的信号通过一个电阻使其电平保证在高电平，电阻同时起限流的作用，下拉电路同理。上拉电阻是用来解决总线驱动能力不足时提供电流的，即拉电流，下拉电阻是用来吸收电流的，也就是常说的灌电流。数字电路有三种状态：高电平、低电平和高阻状态，有些应用场合不希望出现高阻状态，可以通过上拉电阻或下拉电阻的方式使其处于稳定状态，具体视设计要求而定。比如，当一个接有上拉电阻的端口设为输入状态时，常态就为高电平，用于检测低电平的输入。

（3）P1～P3 端口每一位可驱动 4 个 LS TTL 门电路，内部均有上拉电阻，因此，P1～P3 端口的每个引脚作为通用 I/O 端口使用时，不需要外接上拉电阻。

（4）P0～P3 端口作为输入端口使用时，必须先向对应的端口寄存器中写入"1"，否则会导致误读。

4.2 通用输出功能应用

P0～P3 端口最基本的功能就是输入和输出，P0～P3 端口内部的锁存器与 RAM 进行统一编址，因此，可通过 SFR 对 Px 端口进行写入、读出操作。往 I/O 端口引脚对应的寄存器某位写入 1 或 0，此时该引脚就对外输出高电平或低电平，从而实现对外部设备的控制，如图 4-3 所示。

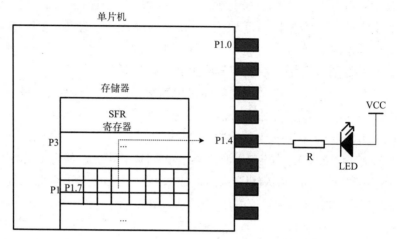

图 4-3　单片机通过寄存器控制外设示意图

4.2.1　简单输出功能应用

简单输出功能应用是指单片机的引脚采用简单的灌电流方式或拉电流方式直接控制输出高低电平，不涉及复杂的外围电路设计。控制系统中常用的指示灯（故障指示灯、状态指示灯等）就是 I/O 端口最简单的通用输出功能的应用场景。

【例 4-1】控制一个 LED 灯每隔 0.5s 闪烁。

一、功能描述

通过不精确延时函数 Delay() 实现每隔 0.5s 对 LED 灯进行循环点亮和熄灭。

二、硬件设计

由于 89C51/S51 单片机引脚的驱动能力有限，拉电流能力较弱，一般采用灌电流的方式驱动 LED，即单片机引脚输出低电平时，点亮 LED 灯，输出高电平时，熄灭 LED 灯。其硬件电路如图 4-4 所示。

三、程序设计

1．LED 亮灭设计

硬件电路中 LED1 连接在单片机 P1 端口的 P1.0 引脚，只需将 P1 端口的第 1 位输出低电平即可点亮 LED1，其余引脚输出高电平，即 P1=0xfe（0xfe=1111 1110 b）。同理，

熄灭 LED1 时，只需将 P1 端口的第 1 位输出高电平，其余引脚输出高电平，即 P1=0xff
（0xff=1111 1111 b）。

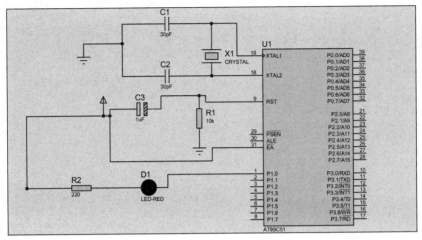

图 4-4　单片机控制 LED 灯闪烁的 Proteus 仿真电路

2．延时功能设计

程序设计中，常常需要用到一些精确延时或定时。精确延时和定时一般采用硬件定时器来完成（这部分内容在定时/计数器章节中进行介绍），对延时精度要求不高的可以采用软件编程实现。软件延时采用循环程序结构，通过控制循环次数，使单片机空转一段时间，获取所需的延时。本模块采用 for 循环实现 ms 级延时程序。

3．系统流程图

系统流程图如图 4-5 所示。

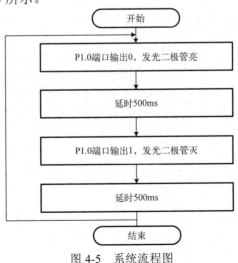

图 4-5　系统流程图

4．程序代码

```
#include <reg51.h>                    //C51 头文件
```

```
    void Delay_ms(unsigned int n);          //函数声明
    void main(void)
    {
        P1=0xff;                            //P1端口置高电平，所有LED灯熄灭
        while(1)
        {
            P1=0xfe;                        //LED0亮
            Delay_ms (500);                 //延时500ms
            P1=0xff;                        //LED0灭
            Delay_ms (500);                 //延时500ms
        }
    }
    //延时毫秒，不精确延时
    void Delay_ms(unsigned int n)
    {
        unsigned int i=0,j=0;
        for(i=0;i<n;i++)                    //"++"为自增运算符，i++表示使用i后再加1
        for(j=0;j<390;j++);
    }
```

【例4-2】LED 流水灯。

一、功能描述

前 500ms 对 8 只 LED 灯进行依次左移点亮和熄灭,500ms 后再依次右移逐一点亮和熄灭，循环执行。

二、硬件设计

采用灌电流的方式驱动 LED，即单片机 P1 端口的 8 个引脚分别连接 8 只 LED 灯，当 P1 端口输出低电平时，点亮 LED 灯，输出高电平时，熄灭 LED 灯。本实验的硬件设计电路如图 4-6 所示。

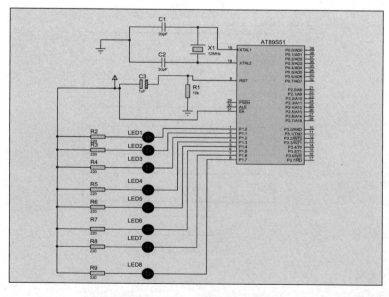

图 4-6　流水灯的硬件设计电路

三、程序设计

系统流程图如图4-7所示。

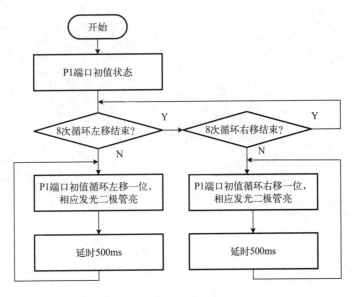

图4-7 系统流程图

实现流水灯的循环点亮和熄灭的方式有很多，这里仅介绍通过位循环运算符、库函数和数组方式。

1. 采用 C51 的位循环运算符实现数据移位

利用位循环运算符<<、>>和|的综合运算实现循环左移和右移，如表4-1所示。

表 4-1 常见 C51 的位循环运算符

位循环运算符	实例	说明
<<（左移）	a=a<<1	将 a 的内容左移 1 位，移位后，空白处补 0，溢出位舍弃
>>（右移）	a=a>>1	将 a 的内容右移 1 位，移位后，空白处补 0，溢出位舍弃
|（或运算）	a=（a<<1）|（a>>7）	循环左移 1 位；a 左移 1 位后与 a 右移 7 位的数据进行或运算
	a=（a>>1）|（a<<7）	循环右移 1 位；a 右移 1 位后与 a 左移 7 位的数据进行或运算

程序如下。

```
#include <reg51.h>          //此头文件中定义了89C51单片机的一些特殊功能寄存器
void Delay_ms(unsigned int x); //声明延时函数
void main(void)                 //主函数，程序从这里开始运行
{
    unsigned char i;
    unsigned char data1=0xfe;
    unsigned char data2=0x7f;
    P1=0x00;
```

```
        while(1)                                         //进入死循环
        {
            /*循环左移点亮 LED 灯*/
            for(i=0;i<8;i++)
            {
                P1=data1;
                data1=(data1 << 1)|(data1 >> 7);        //P1 循环左移 1 位
                Delay_ms(500);                          //延时 500ms
            }
            /*循环右移点亮 LED 灯*/
            for(i=0;i<8;i++)
            {
                P1=data2;
                data2=(data2 >> 1)|(data2 << 7);        //P1 循环右移 1 位
                Delay_ms(500);                          //延时 500ms
            }
        }
    }
    /*******延时 10ms 函数,不精确延时**********/
    void Delay_ms(unsigned int x)
    {
        unsigned int n,m;
        for(n=0;n<x;n++)                                //外循环
            for(m=0;m<2000;m++);                        //内循环,空操作一段时间
    }
```

2．采用库函数实现流水灯

为方便程序开发,C51 编译器为程序开发人员提供了一些通用的函数,这些函数保存在*.LIB 文件中,称为库函数。每个库函数都在相应的头文件.h 中给出了函数原型声明,用户如果需要使用库函数,必须在源程序的开始处用预处理命令 "#include" 将有关的头文件包含进来。

若 Keil C51 安装在 C 盘目录下,可通过路径 C:\Keil\C51\INC 查看系统自带的头文件,如 reg51.h、reg52.h、math.h、stdio.h 等。开发人员可以使用这些已编写好的库函数。灵活使用库函数可使程序代码简单、结构清晰,并且易于调试和维护。常见的库函数如表 4-2 所示。

表 4-2 常见的库函数

头文件	库函数	函数功能
intrins.h	_crol_(a,b)	循环左移
	cror(a,b)	循环右移
	nop()	空操作函数,多用于延时,占用一个机器周期的时间
stdio.h	printf()	通过串行口输出格式化的数据
	scanf()	输入格式化的数据
	char getchar(void)	从串行口读入字符
	char putchar(char c)	从串行口输出字符

续表

头文件	库函数	函数功能
math.h	int abs(int x)	求绝对值
	float sqrt(float x)	求平方根
	float exp（x）	求自然对数 e 的 x 次幂
	float log10(float x)	计算并返回 x 的自然对数
	float cos(float x)	求 x 的余弦值
	float sin(float x)	求 x 的正弦值
	float tan(float x)	求 x 的正切值
string.h	int strlen(char *s1)	返回字符串 s1 中字符个数（不包括结尾的空格符）
	char memcmp(void *s1,void *s2,int len)	逐个比较字符串 s1 和 s2 的前 len 个字符，相等返回 0，不等返回一个正数或一个负数
	void *memcpy(void *dest,void *src,int len)	从 src 所指向的内存中复制 len 个字符到 dest 中
	char *strcmp(char *s1,char *s2)	比较字符串 s1 和 s2，相等时返回 0，s1<s2 时返回一个负数，s1>s2 时返回一个正数
stdlib.h	int rand()	产生一个 0~32767 的伪随机数
	void *malloc(unsigned int size)	在内存中分配一个 size 字节大小的存储空间
ctype.h	bit isalpha(unsigned char c)	检查字符是否为英文字母，是返回 1，不是返回 0
	bit isalnum(unsigned char c)	检查字符是否为英文字母或数字字符，是返回 1，不是返回 0
	bit ispunct(unsigned char c)	检查字符是否为标点、空格或格式符，如果是则返回 1，不是返回 0
	bit islower(unsigned char c)	检查字符是否为小写英文字母，是返回 1，不是返回 0
	bit isupper(unsigned char c)	检查字符是否为大写英文字母，是返回 1，不是返回 0
	char tolower(unsigned char c)	将大写字符转换为小写形式
	char toupper(unsigned char c)	将小写字符转换为大写形式

更多库函数的使用说明在 Keil μVision4 的 Help 自带的说明文档中，读者可自行打开查看，如图 4-8 所示。

程序如下。

```c
#include <reg51.h>
#include <intrins.h>              //引入 intrins.h 头文件
void Delay500ms();                //声明延时函数
void main(void)
{
    unsigned char n;
    unsigned char data1=0xfe;
    unsigned char data2=0x7f;
    P1=0x00;                      //赋初值
```

```
        while(1)
        {
            /*循环左移点亮 LED */
            for(n=0;n<8;n++)
            {
                P1=data1;
                data1=_crol_(data1,1);  //将 P1 中的内容循环左移一位，并送回 P1 中
                Delay500ms();
            }
            /*循环右移点亮 LED */
            for(n=0;n<8;n++)
            {
                P1=data2;
                data2=_cror_(data2,1);  //将 P1 中的内容循环右移一位，并送回 P1 中
                Delay500ms();
            }
        }
    }

void Delay500ms()    //不精确延时 500ms 函数，晶振频率为 11.0592MHz
{
    unsigned char i, j, k;
    _nop_();
    i=4;
    j=129;
    k=119;
    do
    {
        do
        {
            while (--k);  //"--"为自减运算符，--k 表示先令 k 减 1，再使用 k
        } while (--j);
    } while (--i);
}
```

3. 采用数组实现流水灯

通过上面的程序，让单片机的流水灯依次向左流动起来，只需要依次赋给 P1 端口的数值为 0xFE,0xFD,0xFB,0xF7,0xEF,0xDF,0xBF,0x7F；同理，让单片机的流水灯依次向右流动起来，只需要依次赋给 P1 端口的数值为 0x7F,0xBF,0xDF,0x0xEF,0xF7,0xFB,0xFD,0xFE。故使用数组先将灯的状态列出，利用 for 循环依次从数组中取出灯的状态，即可实现向左向右依次流水的效果。

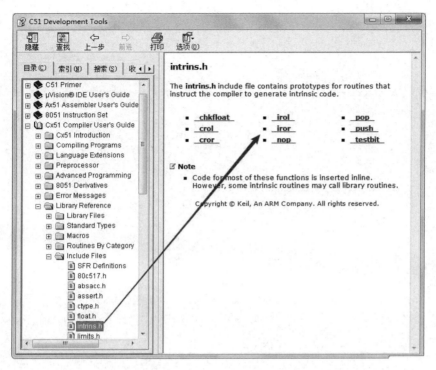

图 4-8　Keil μVision4 的头文件

程序如下。

```c
#include <reg51.h>
#include <intrins.h>
unsigned char data1[8]={0x01,0x02,0x04,0x08,0x10,0x20,0x40,0x80};
                        //定义数组 data1
unsigned char data2[8]={0x80,0x40,0x20,0x10,0x08,0x04,0x02,0x01};
                        //定义数组 data2
void Delay500ms();          //声明延时函数
void main(void)
{
    unsigned char n,m;
    P1=0xff;
    while(1)
    {
        /*循环左移点亮 LED 灯*/
        for(n=0;n<8;n++)
        {
            m=data1[n];
            P1=~m;
            Delay500ms();
        }
        /*循环右移点亮 LED 灯*/
        for(n=0;n<8;n++)
```

```
            {
                m=data2[n];
                P1=~m;
                Delay500ms();
            }
        }
    }
void Delay500ms()          //不精确延时 500ms 函数，晶振频率为 11.0592MHz
{
    unsigned char i, j, k;
    _nop_();
    i=4;
    j=129;
    k=119;
    do
    {
        do
        {
            while (--k);
        } while (--j);
    } while (--i);
}
```

4.2.2　I/O 引脚驱动能力

单片机的 I/O 引脚仅能向外部输出 1 或 0（高低电平），其驱动能力是有限的，直接使用单片机的 I/O 引脚无法驱动大电流的器件，如电子产品中应用较为广泛的蜂鸣器、电机，就需要专门的电机驱动芯片来控制电机的运转。

图 4-9 展示了两种 LED 连接方式，LED1 为灌电流方式，P1.0 引脚输出低电平时，LED1 点亮；LED2 为拉电流方式，P1.4 引脚输出高电平时，LED2 点亮。

相应的程序如下。

```
#include <reg51.h>
sbit LED1=P1^0;  //sbit 是 C51 扩展的变量类型，用于定义特殊功能寄存器的位变量
sbit LED2=P1^4;
void main(void)
{
    LED1=0;
    LED2=1;
    while(1);
}
```

从电路结构上看，两种方式都可以点亮 LED 灯，但实际应用中，会发现 LED2 的亮度比 LED1 的亮度低了很多，原因是 89C51/S51 单片机的引脚只能够输出高、低电平，

而不是一个能提供无限大电流的电源，其驱动能力是有一定限制的。那么 89C51/S51 单片机的 I/O 引脚究竟可以输出多大电流呢？

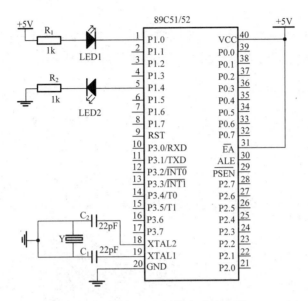

图 4-9　两种 LED 驱动方式电路图

通过查看单片机的 Datasheet 就可以一目了然，比如 STC89C52 的 Datasheet 中对电气特性有明确的规定，如图 4-10 所示。I_{OH1} 表示 STC89C52 系列单片机工作在 5V 电源下，P1 端口、P2 端口、P3 端口、P4 端口的引脚输出高电平时，其最大输出电流为 220μA；I_{OL1} 表示 STC89C52 系列单片机工作在 5V 电源下，P1 端口、P2 端口、P3 端口、P4 端口的引脚输出低电平时，其最大输入电流为 6mA。两者对比就可以发现，单片机 I/O 引脚在输出高电平和低电平时，其输入/输出电流的能力是不同的。

I_{OL1}	输出低电平(P1,P2,P3,P4)	4	6	—	mA	5V
I_{OL2}	输出低电平(P0,ALE,PSEN)	8	12	—	mA	5V
I_{OH1}	输出高电平(P1,P2,P3,P4)	150	220	—	μA	5V
I_{OH2}	输出高电平(ALE,PSEN)	14	20	—	mA	5V

图 4-10　STC89C52 系列单片机电气特性

因为单片机引脚的驱动能力有限，拉电流能力较弱，所以 89C51/S51 单片机 I/O 引脚可以直接驱动 LED 灯，但不能直接驱动蜂鸣器。当用单片机的 I/O 引脚驱动蜂鸣器的时候，需要使用三极管组成的放大电路进行驱动。

【例 4-3】利用三极管放大电路，驱动蜂鸣器鸣叫。

一、功能概述

利用三极管放大电路，通过 89C51/S51 单片机的 I/O 引脚驱动蜂鸣器，控制蜂鸣器发出嘀嘀的报警声。

二、硬件电路设计

89C51/S51 单片机的 P3.6 引脚经过 1kΩ的限流电阻并连接 PNP 型号三极管 Q1（2N3703），当单片机 P3.6 引脚输出低电平时，三极管导通，流经三极管的集电极、经蜂鸣器、发射极，到达电源地，形成一个回路，从而驱动蜂鸣器发声，即通过控制三极管的导通和截止控制蜂鸣器的状态。蜂鸣器硬件电路的 Proteus 仿真图如图 4-11 所示。

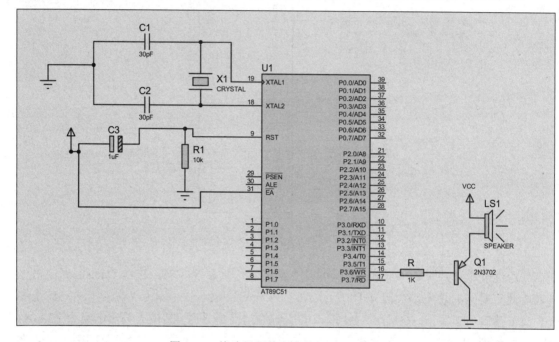

图 4-11　蜂鸣器硬件电路的 Proteus 仿真图

三、程序设计

数字电路主要使用三极管的开关特性，即利用三极管的截止和饱和两种状态来实现。单片机 I/O 引脚输出低电平有效，对于单片机来说是灌电流，此时基极能提供的电流更大，从而提供更大电流以驱动蜂鸣器。通过不精确延时函数和电平取反产生不同周期的信号，从而控制蜂鸣器发声。

程序代码如下。

```
#include <reg51.h>
#include <intrins.h>
void Delay500ms();
sbit Beep=P3^6;
void main(void)
{
  while(1)
  {
      Beep=~Beep;          //电平取反，"~"为位运算符，按位取反
      Delay500ms();        //延时500ms，通过修改此延时时间达到不同的发声效果
```

```
    }
}
void Delay500ms()            //不精确延时 500ms 函数
{
    unsigned char i, j, k;

    _nop_();
    i=4;
    j=129;
    k=119;
    do
    {
        do
        {
            while (--k);
        } while (--j);
    } while (--i);
}
```

单片机 I/O 端口的复杂输出是指单片机外围电路的复杂设计，单片机通用 I/O 本身并不复杂，仅仅是通过向 I/O 引脚对应的端口寄存器位写入 "1" 或 "0"，就可以控制 I/O 引脚输出高低电平。

4.3　通用输入功能应用

单片机可以通过 I/O 引脚从接口接收高电平（+5V）或低电平（0V），即外设向单片机输入了 1 或 0，如按键输入；若信号为模拟信号，则需要先将模拟信号转换成数字信号，再通过单片机 I/O 引脚输入到单片机进行处理。单片机通用输入功能示意图如图 4-12 所示。

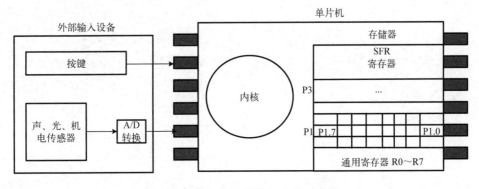

图 4-12　单片机通用输入功能示意图

【例 4-4】按键查询方式控制 LED 灯的亮灭。

该实例通过按键控制 LED 灯的亮灭。单片机的 P1.2 引脚连接一个 LED 灯，P1.6 引脚连接按键，通过查询方式控制 LED 灯的亮灭，即按键按下时 LED 灯亮，按键未按下时 LED 灯灭。其硬件电路示意图如图 4-13 所示。

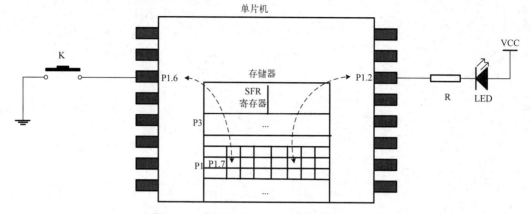

图 4-13 按键控制 LED 灯的硬件电路示意图

程序代码如下。

```c
#include <reg51.h>
#include <intrins.h>
sbit KEY=P1^6;
sbit LED=P1^2;
void Delay500ms();              //延时函数声明
void main(void)
{
    KEY=1;                      //用作输入时，输入前 I/O 端口需先写入"1"
    if(KEY==0)
    {
        LED=0;
        Delay500ms();
    }
    else
    {
        LED=1;
    }
}
void Delay500ms()              //延时 500ms 函数，晶振频率为 11.0592MHz
{
    unsigned char i, j, k;
    _nop_();
    i=4;
    j=129;
    k=119;
    do
    {
        do
        {
            while (--k);
        } while (--j);
    } while (--i);
}
```

nop()函数定义在头文件 intrins.h 中，相当于汇编 NOP 指令，延时几微秒。Delay500ms()延时函数用于延时 500ms，通过 STC-ISP 软件中的"软件延时计算器"计算所得，通过设置系统所用晶振频率、定时长度，8051 指令集可自动生成 C 语言和汇编语言的延时函数。软件延时计算器设置界面如图 4-14 所示。

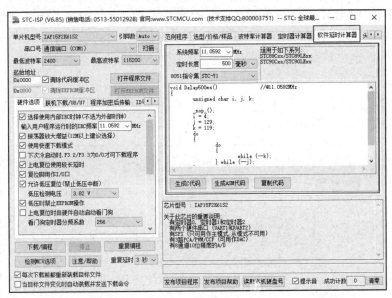

图 4-14　软件延时计算器设置界面

上述实例修改后，可用于模拟汽车左右转向灯控制系统的设计，即利用两个 LED 灯模拟汽车左转向灯、右转向灯，利用单片机的两个引脚（如 P3.0 和 P3.1）连接按键模拟驾驶员左转、右转的操作。

注意：89C51/S51 单片机的 I/O 端口用作输入时，必须先向端口写"1"。由于 P0 端口内部无上拉电阻，用作开关输入时还必须外加上拉电阻，即图 4-15 中的 R$_2$。其他 I/O 端口用作开关输入时无须外加上拉电阻。

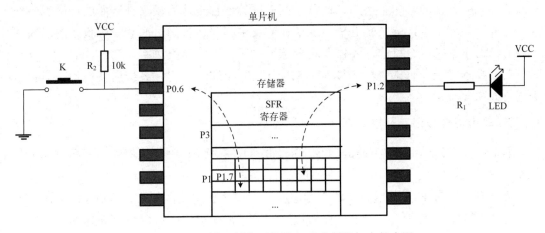

图 4-15　P0 端口用作开关输入时必须外加上拉电阻

4.4 仿真与调试

在单片机 C51 编程过程中需要掌握一项重要的技能：借助集成开发环境进行代码的仿真和调试。通过仿真调试可以实时跟踪代码的运行，发现并定位到程序的 Bug 所处位置，同时根据对变量的观察、代码的逐步执行，从而解决逻辑功能的问题。因此，掌握基本的 Debug 调试是一个工程师必备的技能，常见的调试方式有单步运行、断点运行、执行到光标等，从而借助观察窗口查看变量的即时变化，借助内存窗口观察存储情况等。

利用 Keil C51 软件对 C51 程序进行仿真，必须先确保 C51 程序的工程文件经过了编译，并且没有错误，如图 4-16 所示。

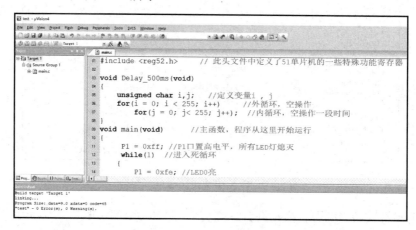

图 4-16　C51 程序无错误才可以进行软件仿真

1. 仿真设置

单击快捷工具栏中的"魔法棒" 按钮，在 Debug 选项页中勾选"Use Simulator"复选框，并勾选"Run to main()"复选框，如图 4-17 所示。因为 C51 程序的执行总是从主函数 main 开始的，如果不勾选此项，则程序的运行是从启动文件开始的。同时勾选"Limit Speed to Real-Time"复选框，保证在仿真中程序运行的时间和实际执行的时间是一致的，为了达到这一目的，还需要设置仿真时所使用的晶振频率。

在"Target"选项页中设置"Xtal（MHz）"为 12.0，与实际系统所使用的晶振频率相同，如图 4-18 所示。

2. 单击仿真按钮，开始仿真

单击快捷工具栏中的"Debug 仿真"按钮 或按"Ctrl+F5"快捷键，开始仿真，如图 4-19 所示。

仿真界面如图 4-20 所示。在 C51 程序执行窗口之上是反汇编窗口，Keil C51 自动将 C 语言转换成汇编语言，这一过程称为程序汇编。在此窗口中可以更直观地观察到每条语句在程序寄存器中的位置。

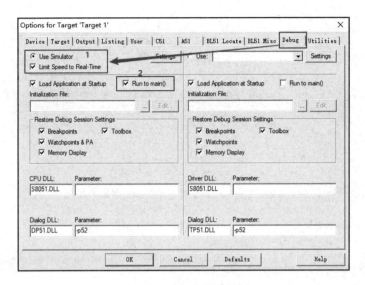

图 4-17　Debug 仿真设置

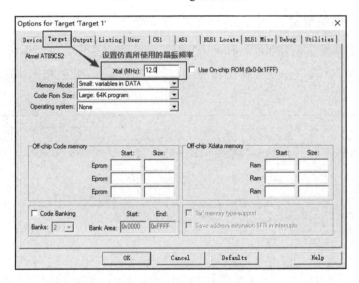

图 4-18　设置仿真所用的时钟晶振频率

图 4-19　"Debug 仿真"按钮

　　寄存器窗口显示的是 89C51/S51 单片机最常用的寄存器，如累加器 a、寄存器 b、程序计数器及 R0～R7 等。

　　Watch 观察窗口用于观察一些变量实时变化情况，仿真过程中这个窗口很重要。

　　进入仿真界面后，在反汇编窗口下方的程序执行窗口中，箭头指向了 P1=0xff，因为变量的定义和函数的声明不参与程序的执行，所以程序是从这条语句开始执行的。

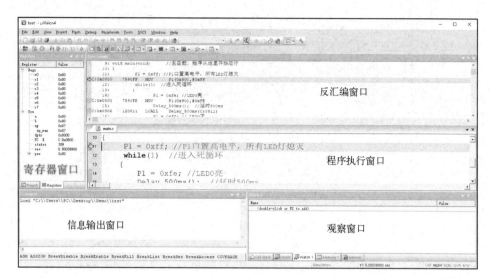

图 4-20　仿真界面

3．添加 P1 的观察窗口

在 Keil C51 界面菜单栏的"Peripherals"下拉菜单中选择"I/O-Ports"选项，选中需要显示和观察的 I/O 端口，就会弹出相应端口的观察界面，此处根据程序选择 P1 端口，如图 4-21 所示。

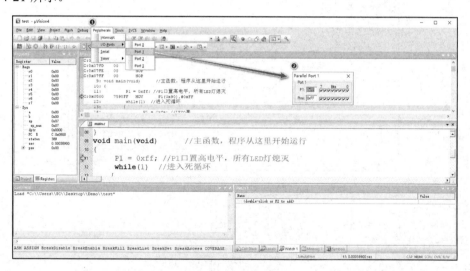

图 4-21　设置 P1 观察窗口

在仿真界面中的"Watch 1"观察窗口中，双击添加 P1 端口，可以观察 P1 的状态，如图 4-22 所示。同样的方法，可以添加变量 i 和 j，通过"Value"窗口观察其值的变化。

4．Run 全速运行程序

单击"Run 全速运行"按钮🔲或按"F5"快捷键开始运行程序，如图 4-23 所示。

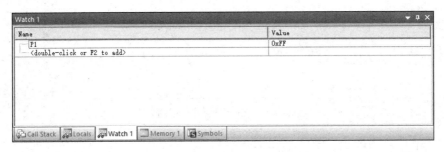

图 4-22　"Watch 1"观察窗口设置

程序运行后，可以观察 P1 窗口中各 bits 位的变化，在"Watch 1"观察窗口中也可以看到 Value 值的变化，同时在寄存器窗口中可以观察相应寄存器的值，如图 4-24 所示。

在程序全速运行过程中，单击"Stop"按钮 ⊗ 停止运行，即可让运行的程序停止下来。

图 4-23　运行程序

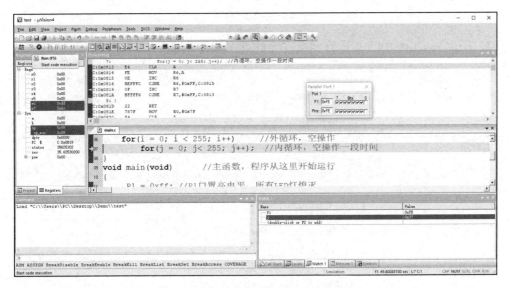

图 4-24　程序全速运行结果

5．Step 单步运行仿真

单击"Step 单步运行"按钮 或按"F11"快捷键，如图 4-25 所示。每单击一次该按钮，程序运行一步，遇到函数会进入函数体内执行（箭头进入函数括号内），此按钮在程序停止运行期间有效。

单步运行仿真，观察各个窗口的变化，特别是寄存器窗口，如程序计数器的值，在反汇编窗口中，程序计数器的值会随着程序的执行不断地递增，即每段程序在 ROM 中的位置。

若遇到延时子程序，继续采用单步运行仿真，则会耗费大量的时间在延时子程序的不停循环中，此时，若想跳出延时子程序的执行，则可以单击"Step Out 跳出子程序"按钮。

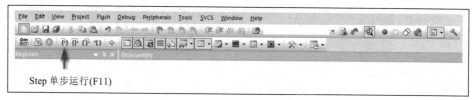

Step 单步运行(F11)

图 4-25　"Step 单步运行"按钮

6．Step Out 跳出子程序

单击"Step Out 跳出子程序"按钮📵或按"Ctrl+F11"快捷键，执行跳出子程序，如图 4-26 所示。每单击一次该按钮，程序就跳出当前函数的执行（箭头跳出函数的括号），直到跳出 main 函数。

Step Out 跳出子程序(Ctrl+F11)

图 4-26　"Step Out 跳出子程序"按钮

7．Run to Cursor Line 运行到指定光标行

如果想让程序执行到指定的位置，那么可以单击"Run to Cursor Line 运行到指定光标行"按钮🏮或按"Ctrl+F10"快捷键，如图 4-27 所示。单击该按钮，程序就会全速运行，直到运行到指定运行的光标所在位置。

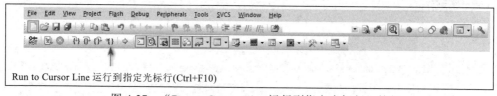

Run to Cursor Line 运行到指定光标行(Ctrl+F10)

图 4-27　"Run to Cursor Line 运行到指定光标行"按钮

8．Reset 复位

单击"Reset 复位"按钮🔳，可以让程序恢复到初始开始执行的位置。

9．断点设置

仿真调试时，经常用到断点。断点就是指程序运行到该程序处，自动停止运行。该功能非常有用，尤其是在仿真中断功能时，可以将断点添加到中断服务程序处，用以观察中断。

添加断点很简单，只需要移动光标到所要设置断点处，双击或者单击一下"断点"按钮🔴即可，再次单击该按钮，会取消该断点，如图 4-28 所示。

设置好断点后，单击"Run 全速运行"按钮，运行到断点处，通过寄存器窗口、观察窗口、外设端口等观察相应值的变化，如通过记录寄存器观察窗口中 sec 执行时间的变化，可以计算出延时子程序的执行时间。

图 4-28　断点设置

下面以【例 4-1】的程序为例，介绍如何通过设置断点计算延时函数的延时时间，首先设置 2 个断点，如图 4-29 所示。此时寄存器窗口中的"sec"为 0.00000000。

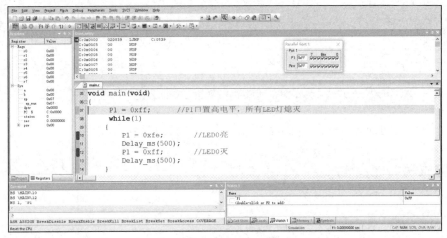

图 4-29　设置延时函数计算的断点

单击"Run 全速运行"按钮，运行到第 1 个断点处，此时观察"sec"为 0.00039100，单位为 s，如图 4-30 所示。

图 4-30　程序执行到第 1 个断点处

再次单击"Run 全速运行"按钮，程序执行到第 2 个断点处，此时"sec"为 1.11841000，单位为 s，如图 4-31 所示。

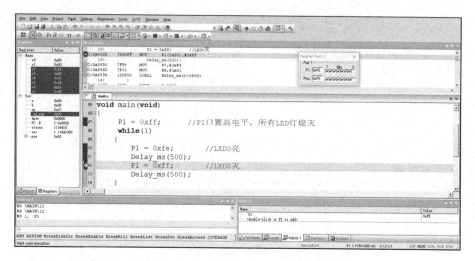

图 4-31　程序执行到第 2 个断点处

两个断点之间的时间差就是执行 Delay_ms(500)的时间，大概为 1s。

习题与思考

一、填空题

1．89C51/S51 单片机 P0～P3 端口作为输入端口使用时，必须先向对应的端口寄存器中写入_____，否则会导致误读。

2．89C51/S51 单片机共有_____个 8 位的并行 I/O 端口，其中既可以作为地址数据口，又可作为一般 I/O 端口的是_____。

二、选择题

1．将单片机的 P1 端口的低 4 位全部置高电平的语句正确的是（　　）。

　　A．p1=0x0F　　　　B．P1=0x0F　　　　C．p1=0xF0　　　　D．P1=0xF0

2．89C51/S51 单片机的 4 个并行 I/O 端口中，需要外接上拉电阻的是（　　）。

　　A．P0 端口　　　　B．P1 端口　　　　C．P2 端口　　　　D．P3 端口

三、简答题

1．简述 89C51/S51 单片机 P0 端口、P1 端口、P2 端口、P3 端口内部结构及适用场合。

2．简述 89C51/S51 单片机 I/O 引脚的驱动能力。

四、综合题

1．利用 P1 端口控制 8 个 LED 灯 1、3、5、7 亮，然后 2、4、6、8 亮，时间间隔 200ms，循环 2 次，然后让两边向中间依次点亮，接着从中间到两边一次点亮，最后 8 个灯全亮。

2．利用按键输入控制 LED 灯输出不同的花样，花样展示十六进制数 0～F。

第5章　外　部　中　断

  I/O 设备与主机进行信息交换时，常用的三种控制方式为程序查询方式、程序中断方式和 DMA 方式，程序中断的控制方式作为 CPU 与 I/O 设备之间数据交换的一种控制方式，是 89C51/S51 单片机核心功能之一。本章从中断的概念、中断控制寄存器及中断的应用进行详细阐述。

▶▶ 知识目标

1. 理解中断的概念；
2. 了解中断系统的内部结构；
3. 理解和掌握外部中断的处理过程。

▶▶ 能力目标

1. 掌握中断服务函数的编程方法；
2. 掌握中断控制寄存器的初始化步骤；
3. 能根据应用需求进行中断的应用实践；
4. 掌握利用 Proteus 仿真软件进行中断程序的仿真与调试。

▶▶ 课程思政与职业素养

  1. 培养辩证思维能力：通过外部中断的处理学习，引导和培养学生的突发应急处理意识，以及让学生学习应对突发事件的处理方法和手段。

  2. 培养哲学思维方法：任何事情都有轻重缓急，要抓住主要矛盾。

  3. 通过 DMA 的大批量数据传输技术与中断方式的对比，引导和培养学生的逻辑思维能力，学习在不同场合不同应用需求下，高效地解决问题的方式和方法。

  4. 通过单片机结构化程序代码的实践与训练，培养和锻炼学生的职业素养。

5.1 单片机中断概述

5.1.1 中断概述

现代计算机都具有实时处理功能，能对外界随机发生的事件作出及时处理，这是依靠中断技术实现的，那么什么是中断？

1．中断的定义

当 CPU 在处理某件事情时，外部发生的某一事件（相对比较紧急）请求 CPU 迅速去处理，CPU 需要暂时停止当前的工作，转去处理所发生的事情，当该事件处理完成后，再回到原来 CPU 中止的地方，继续执行，整个处理过程称为中断。实现这种功能的部件称为中断系统。

2．中断的相关概念

中断源：产生中断请求的来源。

中断请求：中断源向 CPU 提出的处理请求。

中断响应：CPU 暂停自身的事务，转去处理突发请求事件的过程。

中断处理：对请求事件的整个具体处理过程。

中断返回：当请求事件处理完毕后，再回到原来 CPU 被中止的地方。

一个完整的中断处理过程包括中断请求、中断响应、中断处理和中断返回 4 个步骤，如图 5-1 所示。

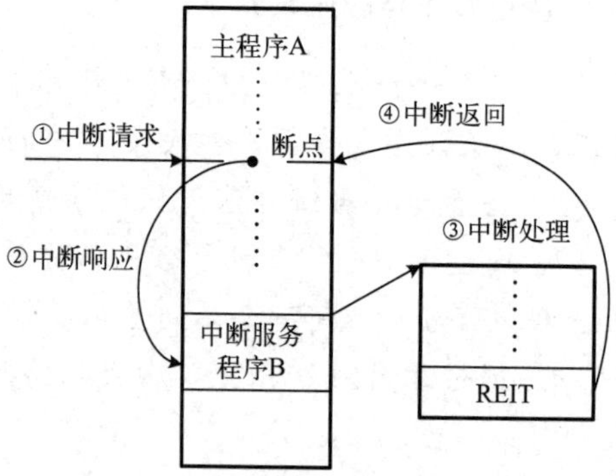

3．中断过程与子程序调用的区别

两者都需要保护断点；子程序调用是程序设计者提前安排好的，即断点位置明确，而中断过程是随机的，即断点位置随机；子程序和主程序之间是从属关系，而中断过程与主函数是平行关系，中断函数只能被系统调用。

图 5-1　完整的中断处理过程

4．中断实现功能

实时处理：计算机进行实时处理时，请求 CPU 的服务是随机发生的，中断系统使 CPU 可以立即响应并加以处理。

故障处理：计算机在运行时如果出现电源突然断电、存储器校验出错、运算溢出等故障，利用中断控制，CPU 可及时进行自动故障处理而不必停机。

分时处理：计算机的中断系统可以让 CPU 与多个外设同时工作，即让 CPU 分时为不同外设提供服务，从而提高 CPU 的利用率。

5.1.2 单片机中断内部结构

89C51/S51 单片机的中断主要有三类：外部中断、定时器中断和串行口通信中断。外部中断是指单片机外设触发的中断，如按键中断、打印机中断等，89C51/S51 单片机有 2 个外部中断源用于处理外部中断事件，分别是外部中断 0（External Interrupt 0）和外部中断 1（External Interrupt 1），触发引脚分别为 INT0、INT1；定时器中断主要用于定时、计数、延时、频率测量等触发的中断，是单片机最基本的功能之一（属于内部中断），用途十分广泛，89C51/S51 单片机有 2 个定时器中断源用于定时中断事务处理，分别是定时器 0（Timer 0）和定时器 1（Timer 1），分别对应 T0 和 T1 触发信号引脚；串行口通信中断是单片机与外部设备进行信息传输所触发的中断，89C51/S51 单片机一般采用异步串行通信方式，因此，51 单片机的串行口通信中断一般可以由接收数据（触发引脚 RXD）、发送数据（触发引脚 TXD）触发中断（串行口通信中断属于内部中断）。本节重点介绍 89C51/S51 单片机外部中断的应用。定时器中断在第 6 章讲解，串行口通信中断放在第 7 章讲解。

其中，89C51/S51 中断系统的内部结构如图 5-2 所示。由图 5-2 可知，89C51/S51 有 5 个中断源，4 个用于控制中断的寄存器 IE、IP、TCON 和 SCON，用来控制中断的类型、开关及中断源的优先级。5 个中断源具有两个优先级，可以实现中断服务二级嵌套。其中外部中断源包括外部中断 0 和外部中断 1，内部中断源包括定时/计数器 T0、定时/计数器 T1 和串行口通信中断。

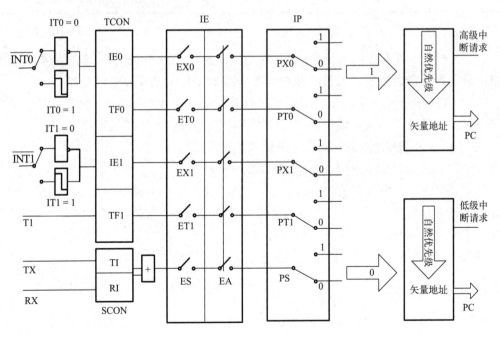

图 5-2　89C51/S51 中断系统的内部结构

5.2 中断控制相关的寄存器

中断为单片机对外部事件进行实时处理的一种方式，一个完整的中断处理过程如图 5-3 所示，通过对 89C51/S51 单片机相关寄存器进行配置，可以实现具体的中断实时事件处理。

5.2.1 中断源

89C51/S51 单片机的中断源根据型号的不同，数量上有差异，AT89C51 单片机有 5 个中断源，AT89C52 单片机和 STC89C52 单片机有 8 个中断源。89C51/S51 单片机具有 2 个优先级，可实现二级中断嵌套。AT89C51 单片机的 5 个中断源如表 5-1 所示，中断编号对应着 AT89C51 单片机的中断源，并按照内部优先级的顺序编为 0～4，编号越小，优先级越高，即 0 的优先级最高。

表 5-1　AT89C51 单片机的 5 个中断源

单片机型号	中断源	中断编号	引脚	优先级
AT89C51	外部中断 0（INT0）	0	P3.2	高
	定时/计数器 0 溢出中断（T0）	1	P3.4	↑
	外部中断 1（INT1）	2	P3.3	
	定时/计数器 1 溢出中断（T1）	3	P3.5	
	串行口通信中断（UART）	4	P3.0(RX) P3.1(TX)	低

AT89C51 单片机的 5 个中断源如下。

（1）INT0——外部中断 0 请求，低电平有效。通过 P3.2 引脚输入。触发方式有两种：低电平触发和下降沿触发，通过特殊功能寄存器 TCON 的 IT0 位进行设置。

（2）INT1——外部中断 1 请求，低电平有效。通过 P3.3 引脚输入。触发方式有两种：低电平触发和下降沿触发，通过特殊功能寄存器 TCON 的 IT1 位进行设置。

（3）T0——定时/计数器 0 溢出中断请求。

（4）T1——定时/计数器 1 溢出中断请求。

（5）TX/RX——串行口通信中断请求，发送通过 P3.1 引脚输出，接收通过 P3.0 引脚输入，发送和接收共用一个中断源。当串行口完成一帧数据的发送或接收时，便请求中断。由串行口控制寄存器的相应位进行设置。

89C51/S51 单片机的中断请求是由控制寄存器设置的。

5.2.2 控制寄存器

控制寄存器（Timer/Counter Control Register，TCON）为定时/计数器控制寄存器，89C51/S51 单片机复位后，TCON 的各位初始状态为 0。TCON 为 8 位的特殊功能寄存器，其低 4 位为外部中断 0 和外部中断 1 的中断申请及中断触发方式标志位；高 4 位为定时/

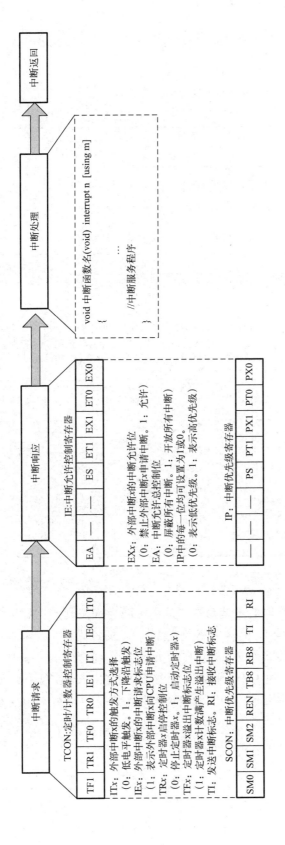

图 5-3　89C51/S51 单片机中断处理过程

计数器 T0 和定时/计数器 T1 的启停和溢出中断标志位。TCON 各中断标志位的定义如表 5-2 所示。

表 5-2   TCON 各中断标志位的定义

TCON 88H	D7	D6	D5	D4	D3	D2	D1	D0
	8FH	8EH	8DH	8CH	8BH	8AH	89H	88H
	TF1	TR0	TF0	TR0	IE1	IT1	IE0	IT0

TCON 可以按字节操作也可以按位操作，按字节操作时，TCON 的字节地址为 88H，按位操作时，各位的地址为 88H～8FH。TCON 各中断标志位的含义，如表 5-3 所示。

表 5-3   TCON 中各中断标志位的含义

中断标志位	功能说明	
IT0	外部中断 0 的触发方式选择位（Interrupt Trigger INT0，IT0）	IT0=0：外部中断 0 为电平触发方式（低电平）。IT0=1：外部中断 0 为边沿触发方式（下降沿）
IE0	外部中断 0 的中断请求标志位	IE0=1：外部中断 0 向 CPU 申请中断。当外部中断源有请求时，该标志位由硬件自动进行置"1"，当 CPU 响应该中断后由硬件自动将其清"0"。用户不需要通过软件进行操作
IT1	外部中断 1 的触发方式选择位（Interrupt Trigger INT1，IT1）	IT1=0：外部中断 1 为电平触发方式（低电平）。IT1=1：外部中断 1 为边沿触发方式（下降沿）
IE1	外部中断 1 的中断请求标志位	IE1=1：外部中断 1 向 CPU 申请中断。当外部中断源有请求时，该标志位由硬件自动进行置"1"，当 CPU 响应该中断后由硬件自动将其清"0"。用户不需要通过软件进行操作
TR0	定时/计数器 T0 启停控制位	TR0=1：启动定时/计数器 T0 开始工作。TR0=0：停止定时/计数器 T0 工作
TF0	定时/计数器 T0 溢出标志位	当 T0 计数溢出时，由硬件自动将该位置 1，并向 CPU 提出中断，CPU 响应该中断并完成中断处理程序后，由硬件自动将该位清 0。采用查询方式时，TF0 作为状态查询位，由软件清 0
TR1	定时/计数器 T1 启停控制位	TR1=1：启动定时/计数器 T1 开始工作。TR1=0：停止定时/计数器 T1 工作
TF1	定时/计数器 T1 溢出标志位	当 T1 计数溢出时，由硬件自动将该位置 1，并向 CPU 提出中断，CPU 响应该中断并完成中断处理程序后，由硬件自动将该位清 0。采用查询方式时，TF1 作为状态查询位，由软件清 0

5.2.3　中断允许控制寄存器

对中断源提出的中断是屏蔽还是允许，是由中断允许控制寄存器（Interrupt Enable Register，IE）控制的。89C51/S51 单片机复位后，IE 的各位初始状态为 0，即中断系统处于禁止状态。单片机在中断响应后不会自动关闭中断。因此，在中断服务程序结束后，要根据需要关闭中断。单片机的中断控制是两级允许控制，CPU 总中断允许和各中断源的中断允许控制位必须同时有效，CPU 才能对中断源进行中断响应。IE 各中断允许控制位的定义如表 5-4 所示。

表 5-4   IE 各中断允许控制位的定义

IE 0A8H	D7	D6	D5	D4	D3	D2	D1	D0
	0AFH	0AEH	0ADH	0ACH	0ABH	0A AH	0A9H	0A8H
	EA	—	—	ES	ET1	EX1	ET0	EX0

IE 可以按字节操作也可以按位操作，进行字节操作时，IE 的字节地址为 0A8H，按位操作时，各位的地址为 0A8H～0AFH。IE 各中断允许控制位的含义如表 5-5 所示。

表 5-5　IE 各中断允许控制位的含义

中断允许控制位	功能说明	
EX0	外部中断 0 中断优先级控制位	EX0=0：禁止外部中断 0 的中断请求。 EX0=1：允许外部中断 0 的中断请求
ET0	定时器 T0 的溢出中断允许控制位	ET0=0：禁止定时器 T0 的中断请求。 ET0=1：允许定时器 T0 的中断请求
EX1	外部中断 1 中断允许控制位	EX1=0：禁止外部中断 1 的中断请求。 EX1=1：允许外部中断 1 的中断请求
ET1	定时器 T1 的溢出中断允许控制位	ET1=0：禁止定时器 T1 的中断请求。 ET1=1：允许定时器 T1 中断请求
ES	串行口通信中断允许控制位	ES=0：禁止串行口通信中断请求。 ES=1：允许串行口通信中断请求
EA	总中断允许控制位	EA = 1：允许所有的中断请求。 EA = 0：屏蔽所有的中断请求

各中断源的中断请求是否被允许，取决于各中断源的中断允许控制位的状态及总中断允许控制位 EA 的状态，这就是所谓的中断两级控制。

系统复位后，IE 各位均为 0，即禁止所有中断。

AT89S51 单片机的 5 个中断源，各自有一个用于存放中断服务子程序的中断向量地址，如表 5-6 所示，当某一中断发生时，单片机都会到相应的地址上去执行中断服务子程序。例如，外部中断 0 发生中断时，单片机会到 ROM 的 0003H 中寻找中断服务子程序来执行；而当定时/计数器 T0 溢出中断时，单片机会到 ROM 的 000BH 中寻找中断服务子程序来执行。这个中断向量表是单片机预留好的地址单元，用户无法修改，中断系统根据表中指示的中断向量地址来查询中断服务子程序。

表 5-6　AT89S51 单片机的中断向量地址

中断源	中断标志位	中断向量地址
外部中断 0（INT0）	IE0	0003H
定时/计数器 0 溢出中断（T0）	TF0	000BH
外部中断 1（INT1）	IE1	0013H
定时/计数器 1 溢出中断（T1）	TF1	001BH
串行口通信中断（UART）	TI/RI	0023H

5.2.4　中断优先级控制寄存器

89C51/S51 单片机有两个中断优先级：高优先级和低优先级。每个中断源都可编程为高优先级中断或低优先级中断，可实现二级中断服务嵌套，高优先级中断可以打断低优先级的中断服务程序，但低优先级中断不能打断高优先级中断。

89C51/S51 单片机中断源的中断优先级设置可通过中断优先级控制寄存器（Interrupt Priority Register，IP）各中断优先级控制位实现，如表 5-7 所示。

表 5-7 IP 各中断优先级控制位的定义

	D7	D6	D5	D4	D3	D2	D1	D0
IP DB8H	0BFH	0BEH	0BDH	0BCH	0BBH	0BAH	0B9H	0B8H
	—	—	—	PS	PT1	PX1	PT0	PX0

IP 可以按字节操作也可以按位操作，按字节操作时，IP 的字节地址为 0B8H，按位操作时，各位的地址为 0B8H～0BFH。IP 各中断优先级控制位的含义如表 5-8 所示。

表 5-8 IP 各中断优先级控制位的含义

中断优先级控制位	功能说明	
PX0	外部中断 0 中断优先级控制位	PX0=0：设置外部中断 0 为低优先级。 PX0=1：设置外部中断 0 为高优先级
PT0	定时/计数器 0 中断优先级控制位	PT0=0：设置定时/计数器 0 为低优先级。 PT0=1：设置定时/计数器 0 为高优先级
PX1	外部中断 1 中断优先级控制位	PX1=0：设置外部中断 1 为低优先级。 PX1=1：设置外部中断 1 为高优先级
PT1	定时/计数器 1 中断优先级控制位	PT1=0：设置定时/计数器 1 为低优先级。 PT1=1：设置定时/计数器 1 为高优先级
PS	串行口通信中断优先级控制位	PS=0：设置串行口通信中断为低优先级。 PS=1：设置串行口通信中断为高优先级

当系统复位后，IP 各位均为 0，即所有中断源均设置为低优先级中断。默认的中断源优先级顺序：外部中断 0（INT0）—定时/计数器 0（T0）—外部中断 1（INTI1）—定时/计数器 1（T1）—串行口通信中断。

中断优先级的控制原则如下。

（1）高优先级中断请求可以打断低优先级中断服务，实现二级中断嵌套；但是，低优先级中断请求不能打断高优先级中断服务。

（2）同优先级或低优先级中断请求不能打断正在执行的中断。若一个中断请求已经被响应，则同级或低级的其他中断服务将被禁止。

（3）如果同级的多个中断同时提出请求，那么根据 CPU 查询次序来确定哪个中断请求被响应。CPU 查询顺序按照默认的中断源优先级响应中断，如表 5-1 所示。

5.3 中断寄存器设置

学习单片机，第一步需要掌握单片机的内部资源，单片机作为一个封装好的集成电路，其功能是通过引脚对外表现出来的，这一功能是通过设置各引脚所对应的功能寄存器来实现的，因此，掌握单片机各功能模块的寄存器设置是掌握单片机内部资源的关键所在，单片机各功能模块的寄存器设置也是单片机各功能模块能够工作和运行的基础，实际编程中对应为功能模块的初始化配置，一般封装成一个相应功能模块的初始化配置函数。第二步在设置好的功能寄存器的基础上，进行应用程序的开发，即编程实现具体的应用需求。中断的编程方法，从程序结构上分为两部分：中断初始化和中断服务。

5.3.1　中断初始化

89C51/S51 单片机中断模块的初始化设置工作可以放在 main 函数中进行，也可以单独封装成一个函数，在主函数中调用。初始化函数主要完成配置与中断相关的寄存器，即前面介绍的 TCON、IE、IP、SCON 等。通过配置寄存器确定中断的工作方式和触发条件等。

下面以外部中断 0 为例进行中断初始化设置，具体步骤如下。

（1）设置中断触发方式：配置 TCON 中的 IT0 的值，IT0=0 为低电平触发，IT0=1 为下降沿触发。

（2）设置中断优先级：配置 IP 中 PX0 位的值，PX0=0 为低优先级，PX0=1 为高优先级。

（3）开启外部中断 0：配置 IE 中 EX0 的值，EX0=1。

（4）开总中断：EA=1。

实际程序如下。

```
void main(void)
{
    ...
    IT0=0;              //设置外部中断 0 的中断触发方式为低电平有效
    PX0=1;              //设置外部中断 0 为高优先级
    EX0=1;              //打开外部中断 0
    EA=1;               //开总中断
    ...
    while(1)
    {
        ...             //非中断事务处理模块
    }
}
```

也可封装成一个函数，程序如下。

```
void Int0_Init(void)
{
    IT0=0;      //设置外部中断 0 的中断触发方式：低电平有效
    PX0=1;      //设置外部中断 0 为高优先级
    EX0=1;      //打开外部中断 0
```

```
        EA=1;           //开总中断
    }
```

5.3.2 中断服务

中断服务是针对不同中断源的具体要求进行设计的，中断服务函数必须由用户自己编写。单片机针对各中断源有专门对应的中断处理函数来用于处理相应的中断事务，中断处理函数的写法有固定的格式。为了体现中断处理的实时性能，应使中断服务函数中执行任务尽可能简单，并且主程序不能调用中断服务函数。

中断处理函数的定义如下。

```
void 中断函数名(void) interrupt n[using m]
{
    ...
    //中断服务程序
}
```

其中，"中断函数名"为中断服务程序的名称，用户可自行定义，其命名规则与变量命名规则相同；中断函数无返回值，不带任何参数。

"interrupt n"为固定的中断关键字，用来指明该中断处理函数属于哪一个中断源的中断服务函数，n 为对应的中断编号，89C51/S51 单片机有 5 个中断源，中断编号为 0~4，分别对应单片机的默认优先级顺序，在编写中断服务函数时，各中断处理函数名的编写规则如表 5-9 所示。

表 5-9 89C51/S51 单片机的中断处理函数

中断源	中断编号	中断处理函数（举例）
外部中断 0（INT0）	0	void Int0_ISR(void) interrupt 0
定时器 0 溢出中断（T0）	1	void Timer0_ISR(void) interrupt 1
外部中断 1（INT1）	2	void Int1_ISR(void) interrupt 2
定时器 1 溢出中断（T1）	3	void Timer1_ISR(void) interrupt 3
串行口中断（UART）	4	void Uart_ISR(void) interrupt 4

"using m"为可选项，用中括号表示，用来指明该中断处理函数所使用 RAM 中的哪一组工作寄存器组。using 为关键字，m 为寄存器组的编号，分别为 0~3，代表着 89C51/S51 单片机 RAM 中的 4 个工作寄存器组，具体可参见图 2-12。由于单片机复位后，CPU默认使用的是第 0 组的工作寄存器组，因此，中断服务函数一般选用第 1~3 组。实际应用中该选项通常不写。

注意：实际编程中，中断处理程序越短越好，尽量不要在中断处理函数中进行大量事务性处理程序，所有的中断都要尽快地运行和退出，这样才不至于干扰主程序的工作和其他中断的运行，才能保证中断的实时性，达到中断处理的目的。

以外部中断 0 为例，其中断处理服务函数的定义如下。

```
void Int0_ISR(void) interrupt 0
{
    LED1=～LED1;                        //状态翻转
    ...
}
```

这里，中断处理的函数名称 Int0_ISR 可以随意定义，但其后的 interrupt 则需要遵循 89C51/S51 单片机的规则，否则中断处理函数无法正常运行。

5.4　中断应用

【例 5-1】外部中断简单实例——按键中断控制 LED 灯亮灭。

89C51/S51 单片机的外部中断 0 引脚（P3.2）接按键，该按键通过上拉电阻连接电源，即没有按键按下时单片机检测到的是高电平，当按键按下时单片机检测到的是低电平。单片机的 P1.6 引脚以灌电流的方式连接 LED 灯，当按键按下时 LED 灯点亮，没按下时 LED 灯熄灭。按键控制 LED 灯电路示意图如图 5-4 所示。

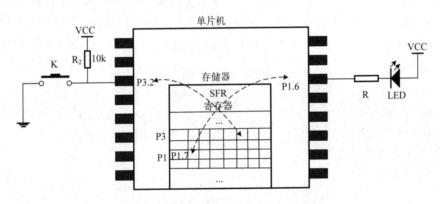

图 5-4　按键控制 LED 灯电路示意图

程序如下。

```
#include <reg51.h>
void Int0_Init(void);          //声明外部中断 0 的初始化函数
sbit LED=P1^6;
sbit KEY=P3^2;
void main(void)
{
    LED=1;
    Int0_Init( );              //调用外部中断 0 的初始化函数
    while(1)
    { }
```

```
    }
    void Int0_ISR(void) interrupt 0              //外部中断 0 的中断处理函数
    {
        if(KEY==0)
        {
            LED=~LED;
        }
    }
    void Int0_Init(void)                         //外部中断 0 的初始化函数
    {
        IT0=1;
        EX0=1;
        EA=1;
    }
```

注意：上述程序直接在中断中进行事务性程序的处理，这既有好处，也有坏处，好处是可以满足高实时性要求，对于实时性要求不是太严格的应用来说，过多在中断处理函数中进行程序运行，不仅影响 CPU 的工作效率，还会干扰到主程序和其他中断的运行，因此，可以使用标记的方式，即定义一个全局变量 Flag，在中断处理函数中将 Flag 置位，随即退出，然后在主程序中根据 Flag 的值，进行清除标记和相应事件的处理。程序如下。

```
#include <reg51.h>           //包含头文件
sbit LED=P1^6;               //位定义，将 P1.6 定义为 LED
sbit KEY=p3^2;               //位定义，将 P3.2 定义为按键
unsigned char Flag=0;        //定义标志位
void main()
{
    EA=1;                    //EA 为中断总开关，1：打开；0：关闭
    IT0=1;                   //IT0 为外部中断 0 的触发方式，1：边沿触发；0：电平触发
    EX0=1;                   //EX0 为外部中断允许，1：打开外部中断；0：关闭外部中断
    LED=1;                   //将 LED 灯的初始状态设置为熄灭状态
    while(1)
    {
        if(Flag==1)          //若有按键按下，则将 LED 灯点亮
        {
            LED=~LED;
            Flag=0;          //标记清零
        }
    }
}
```

```
void Int0_ ISR (void) interrupt 0
{
    if(KEY==0)                    //若按键按下，则将标志位置位
    {
        Flag=1;
    }
}
```

5.5　按键中断计数数码管显示综合实例

功能需求：家用电器中经常用到按键，并通过数码管显示按下的次数，如微波炉设置加热时长等，每按下一次按键，数码管显示次数，并伴随有声音提示。本实例通过模拟家用电器按键操作，进行中断计数、数码管显示的综合实践。

本实例设计 2 个按键，按键 K1 实现加 1 计数；按键 K2 实现减 1 操作。通过按键中断方式，实现统计按键次数和数码管显示按键次数。

一、硬件设计

根据功能需求分析，单片机系统需要人机接口，用户通过按键输入信息，数码管输出显示，下面对数码管的工作原理进行说明。

数码管是一种半导体发光器件，其基本组成单元是发光二极管。最常用的 7 段数码管由 7 个发光二极管组成"日"字形构成，加上小数点就是 8 个发光二极管，分别用 a, b, c, d, e, f, g, dp 表示。当数码管的某个发光二极管导通时，相应的段就发光。控制不同的发光二极管的导通就能显示出相应的字符。数码管引脚及内部连接如图 5-5 所示。

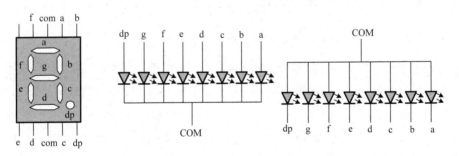

图 5-5　数码管引脚及内部连接

由图 5-5 可知，发光二极管根据连接方式可分为共阳极数码管和共阴极数码管两类。共阳极数码管是将所有发光二极管的阳极接到一起形成公共阳极（COM）的数码管，共阳极数码管在使用时应将公共极 COM 端接到+5V，当某一字段的发光二极管的阴极为低电平时，相应字段就点亮，当某一字段的阴极为高电平时，相应字段熄灭。共阴极数码管是将所有发光二极管的阴极接到一起形成公共阴极（COM）的数码管，共阴极数码

管在使用时应将公共极 COM 接到 GND，当某一字段发光二极管的阳极为高电平时，相应字段就点亮，当某一字段的阳极为低电平时，相应字段熄灭。习惯上是以"a"段对应段码字节的最低位表示字型码，二者分别对应的字型码 0～9 如表 5-10 所示。

表 5-10　数码管显示字符表

显示字符	0	1	2	3	4	5	6	7	8	9
共阳极字型码	0xC0	0xF9	0x44	0xB0	0x99	0x92	0x82	0xF8	0x80	0x90
共阴极字型码	0x3F	0x060	0x5B	0x4F	0x66	0x6D	0x7D	0x07	0x7F	0x6F

　　数码管的显示接口可分为静态显示接口和动态显示接口。所谓静态显示接口，就是每一位显示器的字段控制线都是独立的。当显示某一字符时，该数码管显示器的各字段线和字位线的电平不变，也就是各字段的亮灭状态不变。数码管工作于静态显示方式时，各位的共阴极（或共阳极）连接在一起并接地（或接+5V）；每位的段码线（a～dp）分别与一个 8 位的 I/O 端口锁存器输出相连，图 5-6 为 4 位 LED 数码管静态显示接口电路。若送往各个 LED 数码管所显示字符的段码一经确定，则相应 I/O 口锁存器锁存的段码输出将维持不变，直到送入另一个字符的段码为止。因此，静态显示无闪烁，亮度较高，软件控制比较容易。此种显示方式在需要多位数码管同时显示时比较浪费 I/O 资源，在实际应用中不太常用。

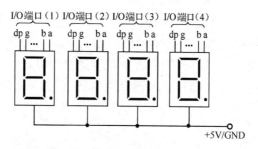

图 5-6　4 位 LED 数码管静态显示接口电路

　　为节省 I/O 端口，通常将所有显示器的段码线的相应段并联在一起，由一个 8 位 I/O 端口控制，而各显示位的公共端分别由相应的 I/O 线控制。图 5-7 为一个 4 位 8 段 LED 动态显示器电路。

　　其中段码线占用一个 8 位 I/O 端口，而位选控制使用一个 I/O 端口的 4 位端口线。动态显示就是通过段码线向显示器（所有的）输出所要显示字符的段码。每一时刻，只有一位位选线有效，其他各位都无效。每隔一定时间逐位地轮流点亮各位显示器（扫描方式），由于 LED 数码管的余辉和人眼的"视觉暂留"作用，只要控制好每位显示的时间和间隔，就可以造成"多位同时亮"的假象，达到同时显示的效果。LED 不同位显示的时间间隔（扫描间隔）应根据实际情况而定。根据需求，确定本例采用数码管动态显示方式实现。

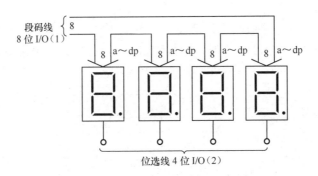

图 5-7　4 位 8 段 LED 动态显示器电路

该实例在单片机最小系统的基础上，使用单片机的 P0 端口、P2 端口控制 2 位 LED 共阳极数码管，其中 P0 端口控制数码管的段码，P2.0 和 P2.1 引脚控制数码管的位选，P3.2（$\overline{INT0}$）引脚控制按键 K1，P3.3（$\overline{INT1}$）引脚控制按键 K2。数码管显示中断计数硬件电路设计图如图 5-8 所示。

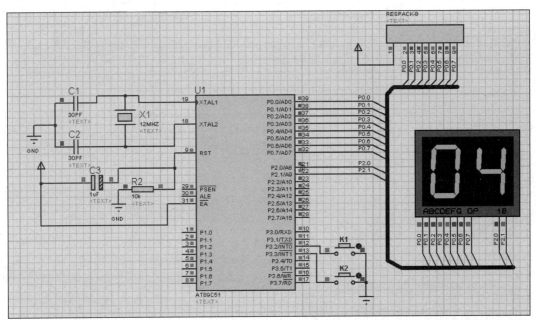

图 5-8　数码管显示中断计数硬件电路设计图

二、软件设计

1. 系统流程图

在编写程序之前，应该将程序实现的过程绘制成软件流程图，根据流程图再转化为具体的程序语句。数码管显示中断计数软件设计流程图如图 5-9 所示，首先对中断进行初始化，然后判断是否有外部中断按键按下，根据按键 K1 和 K2 分为两个不同的数据流分支，当 K1 按下 1 次时，计数变量加 1，计数值显示在数码管上，当计数值为 99 时，由于加 1 后会变成 100，而数码管只能显示 2 位，无法显示 100，故此时将计数值清 0，重新开始计数；同理，当 K2 按下时，计数变量减 1，如果计数值为 0 时，再减 1 无法显示显示负数，此时将计数值置位 99，重新开始倒计数。

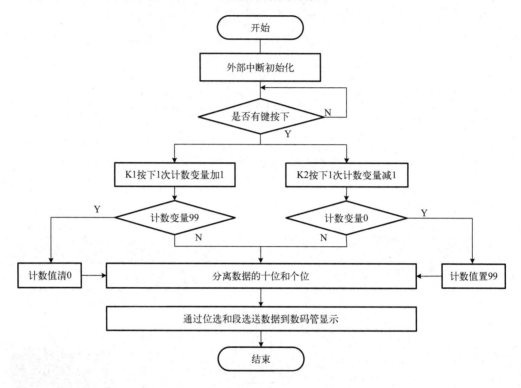

图 5-9　数码管显示中断计数软件设计流程图

2. 软件实现

程序如下。

```
#include <reg51.h>
#include <intrins.h>
#define uchar unsigned char          //宏定义，将无符号字符型定义为 uchar
#define unit unsigned int            //宏定义，将无符号整型定义为 uint

sbit K1=P3^2;                        //按键 K1
sbit K2=p3^3;                        //按键 K2

uchar code LED_Table[]={0xC0,0xF9,0xA4,0xB0,0x99,0x92,0x82,0xF8,
              0x80,0x90,0x88,0x83,0xC6,0xA1,0X86,0x8E};
                                     //共阳极数码管
uchar High_num,Low_num;              //计数值的十位、个位
uchar Key_num;                       //加 1 或减 1 计数
uchar flag0=0;
```

```c
uchar flag1=0;
void Delay(uint n)                      //延时约 0.1ms
{
    uint i,j;
    for(i=0;i<n;i++)
        for(j=0;j<120;j++);
}

Display_Num(void)                       //数码管显示 2 位数字函数
{
    P2=0x01;                            //P2.0 位选有效
    P0=LED_Table[High_num];             //送段码到 P0 端口
    Delay(1);
    P2=0x02;                            //P2.1 位选有效
    P0=LED_Table[Low_num];              //送段码到 P0 端口
    Delay(1);
}

void INT_Init(void)                     //中断初始化配置函数
{
    EX0=1;                              //外部中断 0 中断允许
    IT0=1;                              //外部中断 0 边沿触发
    EX1=1;                              //外部中断 1 中断允许
    IT1=1;                              //外部中断 1 边沿触发
    EA=1;                               //开 CPU 中断
}
void main(void)
{
    INT_Init();                         //中断初始化函数
    Key_num =0;                         //计数初始为 0
    while(1)
    {
        if(flag0==1)
        {
            if(Key_num==99)
                Key_num=0;
            else
                Key_num++;
            flag0=0;
        }
            if(flag1==1)
            {
                if(Key_num==0)
```

```
                Key_num=99;
            else
                Key_num --;
            flag1=0;
        }
        High_num=Key_num/10;
        Low_num=Key_num %10;
        Display_Num();
    }
}

void Int0_ISR(void) interrupt 0                //加1计数
{
    Delay(100);
    if(K1==0)
      {
        flag0=1;
      }
}
void Int1_ISR(void) interrupt 2                //减1计数
{
    Delay(100);
    if(K2==0)
      {
        flag1=1;
      }
}
```

习题与思考

一、填空题

1. 89C51/S51 单片机复位后，中断优先级最高的中断源是_____。

2. 89C51/S51 单片机外部中断请求有_____方式和_____方式。

二、选择题

1. 89C51/S51 单片机可分为两个优先级别，各中断源的优先级别设定是利用寄存器（　　）。

    A. IE   B. IP   C. TCON   D. SCON

2. 89C51/S51 单片机 CPU 关中断语句是（　　）。

    A. EA=1   B. ES=1   C. EA=0   D. EX0=0

三、简答题

1．89C51/S51 单片机的中断系统有哪几个中断源？并简述中断入口地址的作用。

2．什么是中断优先级？89C51/S51 单片机的中断默认优先级顺序是什么？

四、综合题

1．利用外部中断控制方式，实现记录外部中断 1（P3.3）引脚输入脉冲个数的功能。

2．进行单片机硬件、软件设计，功能：根据按键中断的次数，控制 LED 灯亮灭。按一次，LED 灯亮，蜂鸣器响；按两次，LED 灯灭，蜂鸣器不响；按三次，蜂鸣器响，LED 灯闪烁。

第6章 定时/计数器

定时/计数器作为89C51/S51单片机的核心功能之一，是控制领域实现精确定时及计数的方式。本章从定时/计数器的概念、定时/计数器控制寄存器进行阐述，并通过 4 个典型应用案例对单片机定时/计数器功能分别进行详细阐述。

▶▶ **知识目标**

1. 理解定时器的定时、计数的原理；
2. 了解定时/计数器的内部结构；
3. 理解和掌握定时/计数器的工作方式。

▶▶ **能力目标**

1. 掌握定时/计数初值的计算方法；
2. 掌握定时/计数器寄存器的初始化步骤；
3. 能根据应用需求进行定时/计数器的应用实践。

▶▶ **课程思政与职业素养**

1. 从日出而作日落而息、日晷、铜壶滴漏，到现代高精度的钟表，通过通用定时器的发展历史，引导和培养学生的时间意识，树立正确的时间观念，激励学生争分夺秒地学习。

2. 从"中国制造"到"中国标准"，产品精细化制造的每一步背后都是无数工程师精益求精精神的体现，嵌入式系统中精确定时控制是自动化过程中不可缺少的一部分；

3. 通过学习航天发射中时间的精确要求，让学生养成认真务实、脚踏实地的工作态度，以及培养高素质的职业素养；

4. 通过单片机结构化程序代码的实践与训练，培养和锻炼学生的职业素养。

6.1 概述

定时/计数器模块为单片机最基本的功能模块之一，应用十分广泛，常用于以下 4 种功能。

1. 用作定时时钟

作为定时/计数器最基本的定时功能，通过定时、延时以实现定时检测、定时开关及定时控制。例如，赛事活动中使用的倒计时秒表；智能定时插座；空调、洗衣机、微波炉等家用电器的定时开关功能。

2. 产生波形信号

定时/计数器工作在定时模式，通过端口引脚向外部输出一系列符合一定时序规范要求的矩形波信号。例如，变频空调中的变频控制；产生 PWM 波形并用于直流电机或步进电机的驱动；电子音乐门铃、电器设备操作的提示音等。

3. 对外部脉冲信号进行计数

定时/计数器工作在计数模式，通过对单片机端口引脚输入由外部事件产生的"触发脉冲信号"进行计数，从而根据计数结果实现相应的功能控制。例如，药厂自动化灌装线上药片、药囊颗粒的计数；饮料厂包装车间传送带上的瓶装饮料，借助红外光电传感装置，对触发信号进行计数，达到一箱的数量即可进行封箱操作。

4. 脉冲宽度测量

通过对外部电路产生的一系列方波信号的脉宽、周期或频率进行测量，根据所接收的输入信号进行相应控制。例如，电视机根据电视遥控器发射的红外信号，实现相应的功能；通过电动车调速器对转速的检测，实现对车辆速度的控制；利用发射波与接收的反射波之间的时间间隔的测量，实现超声波测距。

6.1.1 容量、溢出、初值的基本概念

1. 容量的概念

假如一个水瓶最多能够容纳 65536 滴水，一个药瓶最多能够装 256 粒药囊，此时，就可以认为该水瓶的容量为 65536 滴水，药瓶的容量为 256 粒药囊。容量是一个容器能够承载的最大值。

应用在单片机领域，涉及计数器容量的问题，如 8 位的计数器其最大的计数值为 256（$2^8=256$），计数范围为 0～255；16 位的计数器最大计数值为 65536（$2^{16}=65536$），计数范围为 0～65535。

2．溢出的概念

假如有一个水瓶已装有 65536 滴水，此时若再往水瓶里倒入一滴水，则会溢出。应用到单片机领域，意味着超出计数器计数最大值就会溢出，如容量为 256 滴水的水瓶（8 位的计数器），现已装有 256 滴水，此时再往水瓶中滴入 1 滴水，水就会溢出。

3．初值的概念

已知当前容器中的容量，为了避免溢出，需要考虑当前容器中已有的数值，该数值就是初值。在初值的基础上，继续添加或计数，超出容器的容量或达到计数器的最大值，则会发生"溢出"现象。

因此，如同闹钟定时、秒表计时，都需要设定一个初值，在该初值的基础上进行计数。

4．预置数法——计算定时/计数器的初值

一般采用预置数法设定计数器的初值。例如，对于一个可以容纳 65536 滴水的水瓶（16 位的计数器），需要计数 100，可以先往水瓶中放入 65536-100=65436 滴水，然后持续滴入水滴，直到水瓶溢出，此时滴入水滴的数量就是 100，计数器的初值为 65436。

在单片机领域，采用预置数法，预先设定初值，然后启动计数器，在初值的基础上进行计数，一旦计数满，发生溢出，就会触发"溢出中断"，从而实现计数功能。

计数器是对外部信号进行计数，定时器是对内部时钟信号进行计数。当内部时钟脉冲的间隔固定时，对脉冲信号计数，计数值就代表了时间的间隔，即实现了定时功能。

对于一个 16 位的定时器，假如时钟脉冲为 1μs，需要定时 10ms（10000μs），假设每经过一个时钟脉冲计数加 1，定时时间为 1μs，则计数 10000 次，可实现定时 10000×1μs=10ms，采用预置数法，只需向定时器中存放 65536-10000=55536 的初值即可，计数从 55536 开始，经过 10000 次脉冲计数，就可实现定时 10ms 的功能。

定时器和计数器本质上都是加 1 计数器。区别只是定时器的触发源来自单片机内部，而计数器则是对外部触发源进行加 1 计数的。

6.1.2　89C51/S51 单片机定时/计数器的工作原理

89C51/S51 单片机内部有两个 16 位可编程的定时/计数器（Timer/Counter），分别是定时器 0（T0）和定时器 1（T1）。T0 和 T1 可通过编程选择用定时功能还是计数功能。定时器用于定时、延时控制；计数器一般用于对外部信号进行计数和检测。

计数功能：通过对来自外部输入引脚 P3.4（T0）和 P3.5（T1）的脉冲信号进行计数。如图 6-1 所示，外部输入的脉冲在负跳变时有效，当负跳变发生一次，计数器加 1，实现加法计数功能。

定时功能：定时功能也是通过计数器的计数实现的。如图 6-2 所示，计数器加 1 的信号是由晶体振荡器的 12 分频脉冲产生的，即每经过一个机器周期，计数器加 1。定时器的定时时间与系统的时钟频率有关，通过改变计数器的计数初值，可设定定时时间，反之，也可以根据定时时间计算计数器的初值。

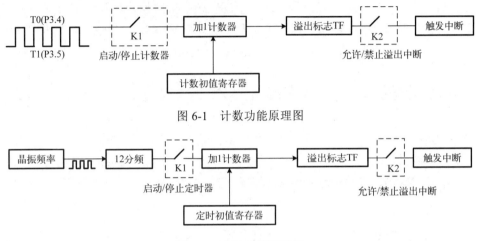

图 6-1 计数功能原理图

图 6-2 定时功能原理图

6.1.3 89C51/S51 单片机定时/计数器的内部结构

89C51/S51 单片机定时/计数器的内部结构如图 6-3 所示，单片机内部有两个 16 位的定时/计数器 T0 和 T1，TMOD 控制各计数器的工作模式和工作方式，TCON 控制定时/计数器的启动与停止。其中 T0 和 T1 是单片机定时/计数器的核心，分别由两个 8 位的寄存器组成，即 T0 由 TH0 和 TL0 组成，T1 由 TH1 和 TL1 组成，TH0、TL0、TH1 和 TL1 这 4 个寄存器都是加 1 计数器，可单独访问，用于存放计数初值或定时初值。加 1 计数器的输入脉冲有两个来源，一个是外部脉冲源，另一个是系统时钟振荡器。

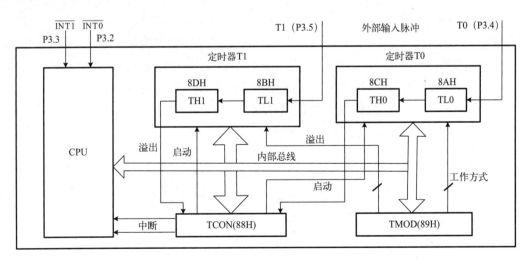

图 6-3 89C51/S51 单片机定时/计数器的内部结构

定时器 T0 和 T1 用作计数器时，是对单片机的 P3.4（T0）和 P3.5（T1）引脚上输入的脉冲信号进行计数，每输入一个脉冲，计数器加 1。

定时器 T0 和 T1 用作定时器时，是对内部时钟的机器周期脉冲进行计数，由于机器周期是晶振频率的 12 分频后得到的，是一个固定值，每次加 1 的计数时间是确定的，因此可以确定定时时间。假设单片机的晶振振荡频率为 12MHz，其机器周期为 $1/12 \times 12MHz = 1\mu s$，则每次加 1 的时间为 $1\mu s$，即计数周期为 $1\mu s$。

6.2 定时/计数器的相关寄存器

89C51/S51 单片机的定时/计数器是一种可编程部件。它的工作方式、计数初值及启停操作均应在定时/计数器工作前进行初始化，即向相应的寄存器写入相应的控制字。与定时器相关的寄存器有 TMOD、TCON 两个特殊功能寄存器。TMOD 为工作模式寄存器，主要用来设置定时/计数器的工作方式；TCON 为控制寄存器，主要用来控制定时器的启动与停止。

6.2.1 工作模式寄存器

工作模式寄存器（Timer Mode Register，TMOD）用于控制 T1 和 T0 的工作模式及工作方式，高 4 位为定时器 T1 的控制位，低 4 位为定时器 T0 的控制位，TMOD 各控制位的定义如图 6-4 所示。

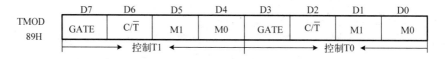

图 6-4 TMOD 各控制位的定义

GATE：门控位，用来设定定时/计数器的启动方式。

GATE=0 时，定时器启动不受外部控制，利用 TCON 中的 TRi（$i=0,1$）置 1，即可启动定时器。GATE=1 时，受外部信号控制，在 TCON 中的 TRi（$i=0,1$）置 1 的同时，外部中断 $\overline{INT0}$（P3.2）引脚或外部中断 $\overline{INT1}$（P3.3）引脚为高电平时，才能启动定时器。

$C/\overline{T}$：定时/计数功能选择位。C 为 Counter 的缩写，T 为 Timer 的缩写。

$C/\overline{T}$=0 时，定时/计数器被设置为定时模式，计数脉冲由内部提供，计数周期等于机器周期。$C/\overline{T}$=1 时，定时/计数器设置为计数模式，计数脉冲由外部引脚 T0（P3.4）或 T1（P3.5）输入。

M1/M0：工作方式控制位，用于定时/计数器的 4 种工作方式选择，占 2 位，可构成 4 种编码，对应于 4 种工作方式。4 种工作方式定义如表 6-1 所示。

表 6-1 定时器 T0 和 T1 的工作方式

M1	M0	工作方式	功能简述
0	0	工作方式 0	13 位定时/计数器（TL0/TL1 只用低 5 位），定时或计数完成需要重装初值

MI	M0	工作方式	功能简述
0	1	工作方式 1	16 位定时/计数器，定时或计数完成后需要重装初值
1	0	工作方式 2	8 位自动重装定时/计数器。仅 TL0/TL1 作为定时/计数器，而 TH0/TH1 的值在计数中不变。TL0/TL1 溢出时，TH0/TH1 中的值自动装入 TL0/TL1 中
1	1	工作方式 3	T0 分成两个独立的 8 位定时/计数器

注意：

（1）工作方式 0 是一个 13 位定时器，工作方式 1 是一个 16 位定时器，这两种工作方式除定时长短不同之外，其他没有任何差别，因此工作方式 0 一般不用，实际应用中多使用工作方式 1。

（2）工作方式 0、工作方式 1 和工作方式 3 在每次计数溢出后，计数器都会自动复位为 0，下次计数需要在中断处理函数中给计数单元重新赋初值，而赋初值的过程易影响定时精度且编程麻烦，工作方式 2 为自动重装载定时器，即每次中断溢出后，硬件会自动对计数单元赋初值，这种工作方式在一定程度上提高了定时精度，因此工作方式 2 适用于比较精确的定时场合。

（3）TMOD 不能位寻址，只能进行字节操作，用于设置定时器的工作方式。系统复位后，TMOD 所有位均为 0。

（4）TMOD 的高 4 位用于定义 T1，低 4 位用于定义 T0。T0 不用时，低 4 位可随意设置，但低 2 位不可为 11，因在工作方式 3 时，T1 停止计数，所以一般设置为 0000。

TMOD 各位的含义如图 6-5 所示。

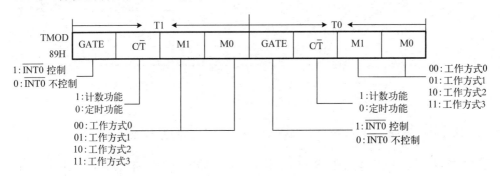

图 6-5　TMOD 各位的含义

从表 6-1 可知定时器的 4 种工作方式，由于工作方式 0 是为了兼容早期的 8084 系列单片机而设计的，现在的实际应用中几乎不会用到这种工作方式，而工作方式 3 的功能基本用工作方式 2 可以替代，所以本书重点介绍工作方式 1 和工作方式 2。

定时/计数器 Tn（n=0,1）工作方式 1 的基本结构如图 6-6 所示，它是一个 16 位的计数器，由 THn 和 TLn 两个 8 位的寄存器存放计数值，计数范围是 $0 \sim 2^{16}-1$，当计数溢出后，TFn 直接置 1，只要不给 THn 和 TLn 赋初值，默认从 0 开始计数。

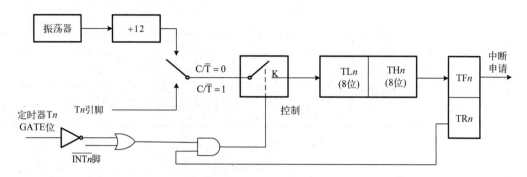

图 6-6　定时/计数器 Tn（n=0,1）工作方式 1 的基本结构

定时/计数器 Tn（n=0,1）工作方式 2 的基本结构如图 6-7 所示，工作方式 2 属于自动重装载工作方式，TLn 是一个 8 位的计数器，计数范围是 $0\sim 2^8-1$，THn 的值不会变化，当计数溢出后，TFn 直接置 1，而 THn 的值会直接赋值给 TLn，然后 TLn 从新的赋值开始计数，该功能多用来产生串行口的波特率。

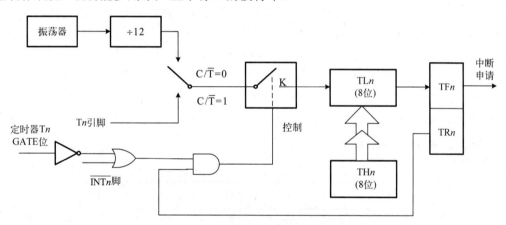

图 6-7　定时器/计数器 Tn（n=0,1）工作方式 2 的基本结构

6.2.2　控制寄存器

控制寄存器（TCON）是控制定时器与中断相关的特殊功能寄存器，它的作用是用于控制定时器的启、停及存放定时器的溢出标志和设置外部中断触发方式等。其中高 4 位控制定时/计数器 T0 和 T1，低 4 位控制外部中断。TCON 各控制位定义如图 6-8 所示。

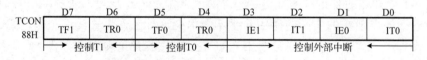

图 6-8　TCON 各控制位定义

TR0 是定时/计数器 T0 的启停控制位。当由软件将 TR0 位清 "0" 时，停止定时/计数器 T0 的工作；当由软件将 TR0 位置 "1" 时，启动定时/计数器 T0。

TR1 是定时/计数器 T1 的启停控制位。当由软件将 TR1 位清 "0" 时，停止定时/计数器 T1 的工作；当由软件将 TR1 位置 "1" 时，启动定时/计数器 T1。

定时/计数器的启动与门控位（GATE）、外部中断引脚上的电平有关。当 GATE 设置为 "0" 时，定时/计数器的启动仅由 TRi=1（i=0，1）控制；而当 GATE 设置为 "1" 时，如果要启动定时/计数器，除要求 TRi=1（i=0，1）外，还要求相应的引脚（P3.2、P3.3）为高电平。

TF0 和 TF1 分别为 T0 和 T1 的溢出中断标志位，当定时器溢出时，由硬件自动置 1。在中断允许的条件下，定时器向 CPU 发出中断请求信号，CPU 响应中断后，进入中断服务程序，硬件自动将 TFi（i=0,1）清 0。在中断屏蔽的条件下，采用程序查询方式，TFi（i=0,1）作为计数完成的测试位使用，需要软件清 0。

6.3　定时/计数器寄存器设置

由于定时/计数器的功能是由软件来设置的，因此在使用定时/计数器前需要对其进行初始化。

1．定时/计数器初始化

（1）设置 TMOD，确定定时/计数器的工作方式、启动控制方式。

（2）设置定时/计数器的定时/计数初值。直接将初值写入 TH0、TL0 或 TH1、TL1 中。若是 16 位的计数初值，则必须分两次写入对应的计数器。

（3）开启中断。根据要求考虑是否采用中断方式，使用中断方式时，对 IE 中的定时器中断标志位 ET0 或 ET1 置位，即使能定时器中断 ET0=1 或 ET1=1；如果不采用中断方式，此处不需要置位定时器中断标志位。

（4）启动定时/计数器工作。将 TCON 的 TR1 或 TR0 置位，即 TR0=1 或 TR1=1。

（5）打开 CPU 总中断 EA，即 EA=1。如果使用查询方式，不需要开总中断。

（6）使用查询方式时，使用软件查询溢出标志位 TFi 的状态，当 TFi=1 时，需要通过软件将 IE 中的溢出标志位 TF0 或 TF1 清 "0"，进行中断屏蔽。

下面以定时器 T0 中断方式为例，将上述初始化步骤，封装成一个函数 Time0_Init 的程序如下。

```
void Time0_Init(void)
{
    TMOD=0x01;                      //定时器 T0、工作方式 1
    TH0=(65536-50000)/256;          //装入定时器初值
    TL0=(65536-50000)%256;
    TR0=1;                          //启动定时器 T0
    ET0=1;                          //开定时器 T0 中断
    EA=1;                           //开总中断
}
```

下面以定时器 T0 查询方式为例，将上述初始化步骤，封装成一个函数 Time0_Init1 的程序如下。

```
void Time0_Init1(void)
{
    TMOD=0x01;                          //定时器 T0、工作方式1
    TH0=(65536-50000)/256;              //装入定时器初值
    TL0=(65536-50000)%256;
    TR0=1;                              //启动定时器 T0
}
```

2．定时/计数初值计算

当 T0 或 T1 工作于定时或计数模式时，其计数初值如何确定？不同的工作模式、不同的工作方式其计数初值计算方法均不相同。若设最大计数值（溢出值）为 M，各工作方式下的 M 值如下。

工作方式 0：$M=2^{13}=8192$。

工作方式 1：$M=2^{16}=65536$。

工作方式 2：$M=2^8=256$。

工作方式 3：$M=2^8=256$，定时器 T0 分成 2 个独立的 8 位计数器，所以 TH0、TL0 的 M 均为 256。

因为 89C51/S51 单片机的两个定时/计数器均为加 1 计数器，当加到溢出值时产生溢出，将 TCON 的 TFi 位设置为"1"，可发出溢出中断。

1）计数模式

当 T0 或 T1 工作于计数模式时，脉冲由单片机外部引脚 P3.4 或 P3.5 输入，单片机对外部脉冲进行计数。因此计数值应根据实际要求来确定。计数初值的计算公式为

$$X=M-计数值$$

例如，某工序要求对外部脉冲信号记录 100 次后，才需要处理，则计数初值为 $X=M-100$。

2）定时模式

当 T0 或 T1 工作于定时模式时，由于是对机器周期进行计数，故计数值应为定时时间对应的机器周期个数。因此，应首先将定时时间转换为所需要记录的机器周期个数（计数值）。其转换公式为

$$机器周期个数(计数值)=T_c/T_p$$

式中，T_c 为定时时间；T_p 为机器周期，$T_p=12/f_{OSC}$；f_{OSC} 为时钟晶振（振荡器）的振荡频率。

故计数初值的计算公式为

$$X=M-计数值=M-T_c/T_p=M-(T_c\times f_{OSC})/12$$

【例 6-1】　定时器 T1 分别采用工作方式 0、工作方式 1 和工作方式 2 计数 100 个脉冲，求相应的计数初值 X 及装载值。

解：

根据计数初值 X 的计数公式，可得：

工作方式 0：$X=2^{13}-$ 计数值 $=8192-100=8092=1F9CH$。

工作方式 1：$X=2^{16}-$ 计数值 $=65536-100=65436=FF9CH$。

工作方式 2：$X=2^8-$ 计数值 $=256-100=156=9CH$。

不同工作方式下初值的装载值如下。

工作方式 0：为 13 位定时/计数器，则计数初值 1F9CH 的高 8 位装入 TH1 中，低 5 位装入 TL1 中，TL1 的高 3 位为无效位，设置为 000 即可。

1F9CH=0001111110011100B，从右到左取 13 位，得到 1111110011100B，把这 13 位中的高 8 位装入 TH1 中，低 5 位装入 TL1 中，即

$$TH1=11111100B=FCH=0xFC;$$

$$TL1=xxx11100B=1CH=0x1C。$$

工作方式 1：为 16 位定时/计数器，则计数初值 FF9CH 的高 8 位装入 TH1 中，低 8 位装入 TL1 中，即

$$TH1=FFH=0xFF;$$

$$TL1=9CH=0x9C。$$

工作方式 2：为 8 位的自动重装载定时/计数器，在初始化时 TL1、TH1 应装入相同的计数初值，且只需装入一次，不需要像工作方式 0、工作方式 1 那样需要在中断服务程序中再装入计数初值。即

$$TH1=0x9C;$$

$$TL1=0x9C。$$

6.4　定时/计数器应用

6.4.1　应用 1——定时延时功能

【例 6-2】利用定时器 T0 中断方式控制 LED 灯闪烁，要求间隔 1s 闪烁一次。

晶振频率采用 11.0592MHz，时钟周期为 1/11059200=0.0904μs，89C51/S51 单片机的一个机器周期是 12 个时钟周期，即 12×(1/11059200)=1.085μs，16 位的定时器最多可定时 65536×1.085μs=71106.56μs=71.10656ms=0.07110656s，无法满足 1s 的定时时长。

晶振频率采用 12MHz，时钟周期为 1/12MHz=1μs，16 位的定时器最多可定时 65536×1μs=65536μs=65.536ms=0.065536s，同样无法满足 1s 的定时时长。

采用软件+定时器的方法实现长时间延时，即先用定时器实现定时为 50ms (0.05s)的延时，然后采用软件程序使其循环执行 20 次，0.05s×20=1s。

下面晶振频率采用 12MHz，利用 16 位定时器 T0 定时 50ms，中断执行 20 次，即可实现 1s 定时。根据 16 位计数器初值的计算方法，计数初值 $X=65536-50000=15536$，转换成十六进制为 $(15536)_{10}=(3CB0)_{16}$。

若采用定时器 T0，则将 3CB0H 的高 8 位放入 TH0 中，低 8 位 B0H 放入 TL0 中，即

$$TH0=0x3C;$$

$$TL0=0xB0。$$

程序如下。

```
#include <reg51.h>
sbit LED= P1^1;                    //P1.1 端口控制 LED 灯
unsigned int Cnt=0;                //计数初值为 0
void Time0_Init(void)
 {
    TMOD=0x01;                     //定时器 T0、工作方式 1、定时功能、GATE=0
    TH0=0x3C;                      //定时器高 8 位初值装载
    TL0=0xB0;                      //定时器低 8 位初值装载
    TR0=1;                         //启动定时器 T0
    ET0=1;                         //开定时器 T0 中断
    EA=1;                          //开总中断
 }
void main(void)
 {
   Time0_Init();
   while(1)
   {
      if(Cnt>=20)                  //1s 时间到，即 50ms×20 = 1s
      {
         LED=~LED;                 //LED 灯状态翻转
         Cnt=0;                    //计数值清 0，重新计数
      }
   }
 }

void Timer0_ISR(void) interrupt 1
 {
   TH0=0x3C;                       //定时器重新装入初值，每隔 50ms 触发一次中断
   TL0=0xB0;
   Cnt++;                          //计数次数加 1
 }
```

【例 6-3】利用定时器查询方式控制 LED 灯闪烁，要求间隔 1s 闪烁一次。

使用定时器 T0，通过查询溢出标志位 TF0 的值，控制 LED 灯每隔 1s 闪烁一次。晶振频率采用 12MHz。

```c
#include <reg51.h>
sbit LED=P1^1;
unsigned int Cnt=0;
void Time0_Init1(void);              //声明定时器 T0 的初始化函数

void main(void)
{
    Time0_Init1( );
    while(1)
    {
        if(TF0==1)
        {
            TF0=0;                   //当 TF0 溢出时，软件清 0
            TH0=0x3C;                //重新装入计数初值
            TL0=0xB0;
            Cnt++;                   //记录溢出次数
            if(Cnt>=20)
            {
                LED=~LED;            //1s 时间到，灯的状态翻转
                Cnt=0;               //计数次数清 0
            }
        }
    }
}
void Time0_Init1(void)
{
    TMOD=0x01;                       //定时器 T0、工作方式 1、定时功能、GATE=0
    TH0=0x3C;                        //定时器高 8 位初值装载
    TL0=0xB0;                        //定时器低 8 位初值装载
    TR0=1;                           //启动定时器 T0
}
```

通过【例 6-2】和【例 6-3】我们看到实现定时 1s 的两种编程方法，分别为中断方式和查询方式，当使用中断方式时，需要编程设置定时器中断的两级允许开关 EA 和 ETi，当 TFi 溢出时只要中断服务程序入口配置正确，便可进入中断实现定时 50ms；而在查询方式中不需要设置定时器的中断允许位，但必须对 TFi 进行溢出查询，当 TFi=1 时需要人为软件清除 TFi=0，才完成一次定时 50ms，所以在使用两种不同的编程方式时，请注意两者的区别。

6.4.2　应用 2——PWM 调光、调速

PWM（Pulse Width Modulation，脉冲宽度调制）是一种通过改变矩形波的占空比输

出不同波形的方法。占空比（Duty Cycle）是指在一个周期内，高电平时间占整个信号周期的百分比，即高电平时间与周期的比值，即

$$占空比=T_p/T$$

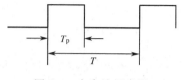

图 6-9　占空比示意图

占空比示意图如图 6-9 所示。

例如，1s 高电平、1s 低电平的 PWM 波，其占空比为 50%。图 6-10 列出了不同占空比的 PWM 波形。

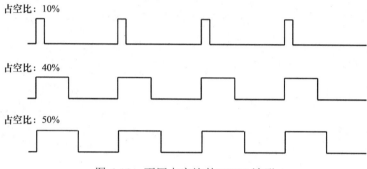

图 6-10　不同占空比的 PWM 波形

PWM 广泛应用于测量、通信、功率控制、驱动蜂鸣器、电机调速等场合。其中呼吸灯就是一种典型的应用。89C51/S51 单片机的定时/计数器可以通过 I/O 引脚产生 PWM 信号。

【例 6-4】利用定时器 T1 产生 100Hz 的 PWM 波形，通过定时器 T1 控制 PWM 输出 2ms 的高电平（控制波形的占空比），并从 P1.0 引脚输出。

根据题目要求输出占空比为 20%的 PWM 波形，整个周期为 10ms，其中高电平占 2ms，设置定时周期为 1ms，当 2 次溢出后 P1.0 输出低电平，这样溢出 10 次，即 10ms 周期时间到，P1.0 输出高电平，此时中断计数次数清 0，就可以输出占空比为 20%的 PWM 波形。程序如下。

```
#include <reg51.h>
sbit PWM_Pin=P1^0;
unsigned char cnt=0;
unsigned char High_S=2;
unsigned char period=10;
void Timer_Init(void)
{
    TMOD=0x10;                    //定时器 T1，工作方式 1，定时功能
    TH1=0xFC;                     //定时初值
    TL1=0x18;
    ET1=1;                        //开 TI 中断
    EA=1;                         //开 CPU 中断
```

```
        TR1=1;                          //启动 T1

}
void main(void)
{
        PWM_Pin=1;
        Timer_Init();
        while(1)
        {
        if(cnt==High_S)                 //高电平时间到 P1.0 变低
        PWM_Pin=0;
        else if (cnt==period)           //周期时间到 P1.0 变高
        {
          cnt=0;
          PWM_Pin=1;
        }
        }
}
void Timer1_ISR(void) interrupt 3
{
    TH1=0xFC;                           //1ms 溢出一次
    TL1=0x18;
    cnt++;
}
```

Proteus 仿真原理图与输出波形图如图 6-11 所示，通过虚拟示波器上看到 P1.0 引脚输出对应的波形的占空比是 20%，如果改变高电平的输出，可以调整占空比以达到用户要求，呼吸灯就是利用 PWM 的这种特性不断调整占空比实现的。

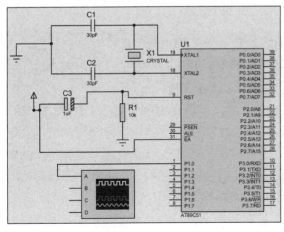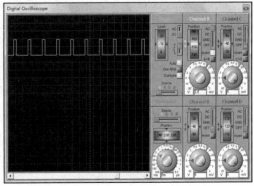

图 6-11　Proteus 仿真原理图与输出波形图

6.4.3 应用 3——计数功能

【例 6-5】利用定时器 T0 的工作方式 2 对外部信号计数，外部信号由 T0（P3.4）引脚输入。要求每计满 100 次，将 P1.1 状态取反。

定时器的计数功能，在外部信号输入过程中，每发生一次负跳变计数器增加 1，每输入 100 个脉冲时，计数器溢出中断一次，每次溢出时对 P1.1 的状态取反。T0 的工作方式 2 是 8 位计数器，根据初值计算 $X=2^8-100=156=9CH$，将 9CH 装载到 TH0 和 TL0 中，当每次中断溢出时，定时器会自动重装载初值到 TL0 中，故在中断服务程序中不需要像工作方式 1 重新给 TH0 和 TL0 赋初值。

程序如下。

```
#include <reg51.h>
sbit LED = P1^1;
void main(void)
{
    TMOD=0x06;                //定时器 T0、工作方式 2
    TH0=0x9C;                 //计数初值
    TL0=0x9C;
    TR0=1;
    EA=1;
    ET0=1;
    while (1);
}
void Timer0_ISR(void) interrupt 1
{
    LED=~LED;                 //P1.1 的状态取反
}
```

6.4.4 应用 4——测量功能（测量频率、脉冲宽度）

门控制位 GATE 使定时/计数器 Ti 的启动计数受外部中断引脚 INTi 的控制，当 GATE=1、TRi=1 时，只有 INTi=1，Ti 才被允许计数，利用 GATE 的这个控制功能，可以测量引脚 INTi（P3.2、P3.3）上正脉冲的宽度（机器周期数）。

【例 6-6】利用定时器/计数器 T0 的门控制位 GATE 测量 INT0 引脚上出现的脉冲宽度。

解：采用 T0 定时模式工作，由外部脉冲通过 INT0 引脚控制计数器闸门的开关，每次开关通过计数器的脉冲信号（机器周期）是一定的。计数值乘以机器周期就是脉冲宽度。编程时，设 T0 工作在工作方式 1、定时模式，且置 GATE=1、TR0=1。计数初值取 00H。当 INT0 出现高电平时开始计数，INT0 为低电平时停止计数，读出此时的两个 8 位计数器的值 TH0 和 TL0，便可测得脉冲的机器周期个数。由于单片机的机器周期没有给出，根据测量的计数结果乘以机器周期，即可计算出脉冲宽度。

程序如下。

```
#include<reg51.h>
sbit Pulse_Pin=P3^2;                    //P3.2输入脉冲信号
unsigned char Cnt_low ;                 //定义变量，读取TL0的数值
unsigned char Cnt_high ;                //定义变量，读取TH0的数值
void main()
{
    TMOD=0x09;                          //T0定时模式，工作方式1
    TL0=0;                              //设置计数初值为0
    TH0=0;
    while(Pulse_Pin);                   //等待INT0变低
    TR0=1;                              //启动定时
    while(!Pulse_Pin);                  //等待INT0变高
    while(Pulse_Pin);                   //等待INT0再变低
    TR0=0;                              //停止定时
    Cnt_high=TH0;                       //读计数结果TH0
    Cnt_low=TL0;                        //读计数结果TL0
    while(1);
}
```

6.5 定时器中断控制数码管动态显示综合实例

功能需求：现代生活节奏变得越来越快，时间变得越来越宝贵，人们经常利用手机或者定时装置进行倒计时来保证工作的高效性。本实例通过模拟60s倒计时操作，进行定时器定时、数码管显示的综合实践。

本实例使用定时器T0实现动态数码管显示60s秒表倒计时定时功能。

1. 硬件设计

该实例在单片机最小系统的基础上，使用单片机的P0端口、P2端口控制2位LED共阳极数码管，其中P0端口控制数码管的段码，P2.0和P2.1控制数码管的位选。数码管显示60s倒计时硬件电路示意图如图6-12所示。

2. 软件设计

本实例的软件设计主程序流程如图6-13所示。首先对定时器进行初始化，初始化主要对相关寄存器进行配置，还要考虑倒计时显示初值设置，然后判断计时1s时间是否到，如果到就将显示变量减1，并将定时器计数变量清0，并判断是否倒计时结束，如果结束，重置倒计时初值，并调用显示函数在数码管动态显示数据。

由于本实例实现的是秒表倒计时，即每显示两个不同数字之间的时间间隔是1s，而定时器T0溢出一次不能满足时间要求，故定时器中断设置20ms溢出一次，利用50次定时器溢出实现1s定时。由于本实例利用中断方式实现定时器溢出，每次定时器溢出时需要重新给寄存器赋初值，并记录溢出次数，故需要在中断服务函数中做两件事：赋初值和计数，中断服务程序流程图如图6-14所示。

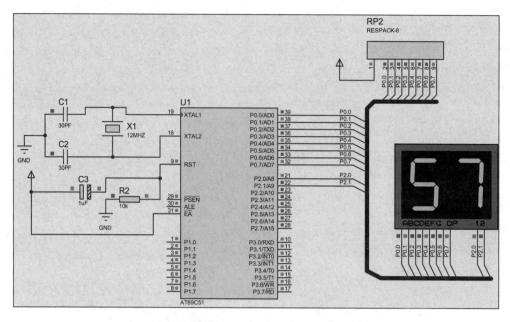

图 6-12　数码管显示 60s 倒计时硬件电路示意图

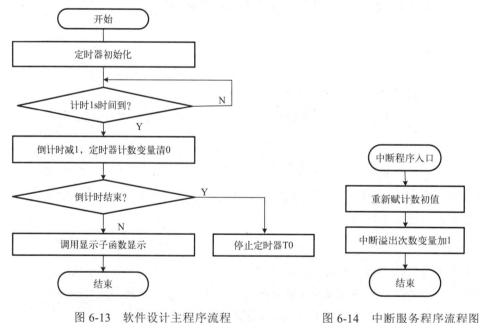

图 6-13　软件设计主程序流程　　　　　　　图 6-14　中断服务程序流程图

程序如下。

```
#include <reg51.h>
unsigned char Table[]={0xC0,0xf9,0xA4,0xB0,0x99,0x92,0x82,0xf8,
0x80,0x90};                     //定义共阳极数码管段码
sbit wei_2=P2^0;                //定义位选信号
sbit wei_1=P2^1;
unsigned char cnt;              //定义秒计数变量
```

```c
void Delayms(unsigned int ms)
  {
    unsigned char j;
    while(ms--) for(j=0;j<120;j++);
  }
void Time0_Init1 ( )
{
    TMOD=0x01;                      //定时器 T0、工作方式 1、定时功能、GATE=0
    TH0=0xB1;                       //定时器高 8 位初值装载
    TL0=0xE0;                       //定时器低 8 位初值装载
    TR0=1;                          //启动定时器 T0
    ET0=1;                          //开定时器 T0 中断
    EA=1;                           //开总中断
}
void LED_display(unsigned int num)
{
    unsigned char shi,ge;           //定义每位变量
    shi=num%100/10;                 //分离动态数值的十位数
    ge=num%10;                      //分离动态数值的个位数
    P2=0x00;                        //关位选
    wei_2=1;                        //开十位位选
    P0=Table[shi];                  //送十位段码
    Delayms(5);
    P0=0xff;                        //关段码
    wei_2=0;                        //关十位位选

    wei_1=1;                        //开个位位选
    P0=Table[ge];                   //送十位段码
    Delayms(5);
    P0=0xff;                        //关段码
    wei_1=0;                        //关个位位选
}
void main()
{
    unsigned char sec=60;           //设置秒表初值
    Time0_Init1 ( );
    while (1)
     {

        if (cnt>=50)                //1s 时间到
       {
            cnt=0;                  //定时器中断计数变量清 0
            sec--;                  //秒变量减 1
            if(sec==0)              //秒变量减到 0 时
             {
```

119

```
                    sec=60;        //重新赋秒变量初值 60
                }
            }
        LED_display(sec);          //调用显示函数
        }
    }
void Timer0_ISR ( ) interrupt 1
{
    TH0=0xB1;                      //20ms 定时时间到，定时器高 8 位初值重新装载
    TL0=0xE0;                      //定时器低 8 位初值重新装载
    cnt++;                         //定时器溢出次数加 1
}
```

习题与思考

一、填空题

1. 89C51/S51 单片机内部有_____个_____位的定时/计数器，分别是_____
____和_____。

2. 门控信号 GATE 设置为 1 时，由_____和_____控制定时器的启动。

二、选择题

1. 如果 89C51/S51 单片机的定时器工作在工作方式 1，则定时器的最大计数值为
（   ）。

    A. 2^8 B. 2^{16} C. 2^{13} D. 2^2

2. 设 T1 以计数模式工作在工作方式 2 下，要求每计 100 个数，产生溢出，则 T1
的初始值为（   ）。

    A. 99H   B. 9AH   C. 9BH   D. 9CH

三、简答题

1. 请比较定时/计数器的 4 种工作方式，并说明其区别。

2. 89C51/S51 单片机的定时器定时时间有限，如何利用多个定时器实现长时间定时
要求。

四、综合题

1. 利用 PWM 并通过修改占空比设计呼吸灯和实现电机调速。

2. 请用 Keil C51 与 Proteus 仿真，实现下列任务。

任务一：使用定时器 T0 来实现 0.5s 延时，完成左右移动的 8 个流水灯程序。利用
P1 端口控制 LED 灯。

任务二：用定时器 T1 编程实现 10s 秒表的功能（两位或者 6 位数码管都可以），要
求按下一次按键开始计数，按下两次按键停止计数，按下三次按键计数清零。

第 7 章　串 行 通 信

　　串行通信是单片机与外设之间通过信号线进行按位传输的通信方式，常在调试设备时使用该方式输出查看调试信息，本章从串行通信概念、串行通信相关控制寄存器及串行通信应用进行详细阐述说明。

知识目标

1. 理解串行通信接口 UART 的基本概念；
2. 了解 89C51/S51 单片机 UART 的内部结构；
3. 理解和掌握 89C51/S51 单片机 UART 的工作方式。

能力目标

1. 掌握 UART 的通信协议；
2. 掌握 UART 的初始化步骤；
3. 能根据应用需求进行 UART 的应用实践。

课程思政与职业素养

1. 从 4G 到 5G 通信标准，制定 5G 国际通信标准，树立国际大国风范，制定符合国家利益和人民福祉的国际标准（家国情怀）；
2. 培养辩证唯物主义观，多机通信中，数据发送与接收需符合处理优先级，从而实现理论与实践的辩证统一；
3. 培养人文知识素养，人与人的沟通需要在一个频道上，才能实现有效沟通，团结合作才能实现共赢；
4. 通过单片机结构化程序代码的实践与训练，培养和锻炼学生的职业素养。

7.1 串行通信的概念

通信按照基本数据传输类型分为并行通信和串行通信两种，如图 7-1 所示。并行通信时传输采用多根数据线外加一根信号线和若干控制信号线进行同时传输，可以实现字节为单位的通信，该方式控制简单，传输速率相对较快，但成本高，适用于短距离的数据传输。

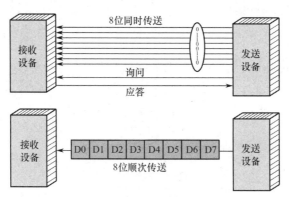

图 7-1　并行通信与串行通信

比如，单片机有 4 个并行 I/O 端口，当进行 P1 端口操作时，可以一次给 P1 的 8 个 I/O 端口分别赋值，实现信号同时输出，实现并行传输。在串行通信时传输采用一根数据线，将数据按比特位的先后次序逐个传送，该方式成本低，接收和处理简单，适合远距离传输，如一个字节的数据 0x4F，使用串行通信传输数据，假设低位在前，高位在后，发送数据应该为 1-1-1-1-0-0-1-0，一位一位发送，需要发送 8 次才能做到发送完一个字节数据。

其中，串行通信根据时钟信号的不同，又分为同步串行通信和异步串行通信。同步串行通信是指通信双方在同一个时钟信号作用下实现数据的发送和接收；异步串行通信是指利用字符帧的方式进行控制收发双方数据的接收和发送，收发双发采用各自的时钟信号，两个时钟相互独立，互不同步，如图 7-2 所示。

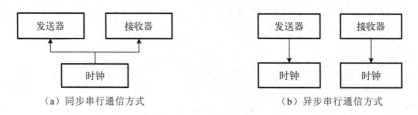

（a）同步串行通信方式　　　　　　　　　　（b）异步串行通信方式

图 7-2　串行通信的通信方式

在异步串行传输过程中，需要解决以下两个问题。

（1）组成数据的各比特位需要每隔多长时间发送一次？

（2）收发双方如何判断数据什么时候开始，什么时候结束？哪些是真正的数据信息？传输过程中丢失数据或误码该如何处理？

第一个问题数据需要多长时间传输一次，涉及波特率，第二个问题涉及通信协议，即数据帧格式的问题。在异步串行通信中，由于通信双方没有专门的时钟同步信号，因此要求通信双方在建立物理连接的同时，还需要依靠事先约定的通信数据帧格式和通信传输速率（波特率）来完成通信。

7.1.1 波特率

波特率为每秒传输二进制代码的位数，单位为比特每秒（bit/s 或 bps），是衡量串行数据传输速度快慢的指标，波特率越高，数据传输速度越快。波特率决定了异步串行通信中每位数据占用的时间，例如，波特率为 115200bit/s，表示每秒传输 115200 位二进制数据，每位数据在数据线上持续的时间约为 1/115200≈8.68μs。

常用的波特率有 1200bit/s、2400bit/s、4800bit/s、9600bit/s、19200bit/s、38400bit/s、57600bit/s、115200bit/s。

7.1.2 数据帧格式

异步串行通信的一个字符帧由起始位、数据位、校验位、停止位 4 部分组成，其格式如图 7-3 所示。

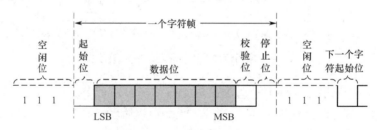

图 7-3　异步串行通信数据帧格式

起始位：占一位，位于字符帧的开头，其值为"0"，即以逻辑"0"表示传输数据的开始。

数据位：要发送的数据，数据长度可以是 5 位、6 位、7 位或 8 位，低位在前，高位在后，数据通常用 ASCII（American Standard Code for Information Interchange，美国信息交换标准代码）码表示。传输数据时先传送字符的低位，后传送字符的高位，即采用小端方式由最低有效位（Least Significant Bit，LSB）到最高有效位（Most Significant Bit，MSB）一位一位地传输。

校验位：占一位，用于检测数据是否有效，该位为可选项。若校验位为"0"，则表示不对数据进行校验。若校验位为"1"，则对数据位进行奇校验或偶校验。设置奇偶校验位是为了提高数据传输的准确率。

停止位：一帧传送结束的标志，根据实际情况而定，可以是 1 位、1.5 位或 2 位。

空闲位：数据传输完毕，数据帧之间用 1 表示空闲位，即用 1 表示当前线路上没有数据传输。

7.1.3 UART 接口

波特率和数据帧格式两者统称为通信协议。通信协议是通信双方为了实现信息传输，相互之间必须遵循的一种规则或约定，包括物理层和协议层。物理层规定机械、电气方面的特性，确保原始数据在物理媒体上的传输，即常说的硬件接口；协议层主要规定波特率、数据帧格式等，即通常所说的通信协议。通俗地比喻，物理层决定人们的说话方式，协议层决定人们说话的语言。

通用异步串行通信接口（Universal Asynchronous Receiver Transmitter，UART）为全双工通信，即在发送数据的同时也能够接收数据，因此，UART 接口至少需要两根数据线来用于通信双方进行数据双向同时传输，最简单的 UART 接口由 TxD、RxD、GND 共 3 根线组成。其中，TxD 用于发送数据，RxD 用于接收数据，GND 为信号地线，通过交叉连接实现两个芯片间的串行通信，连接方式如图 7-4 所示。

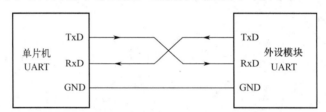

注：RxD 为数据输入引脚，用于接收数据；TxD 为数据输出引脚，用于发送数据

图 7-4　两个 UART 设备之间的交叉连接

89C51/S51 单片机的 UART 引脚为复用引脚，P3.0 对应 RxD（串行通信接收引脚），P3.1 对应 TxD（串行通信发送引脚），也为 P3 端口引脚的第二功能，通过配置相应的特殊功能寄存器，实现 RxD 和 TxD 的功能。两者组成的通信接口称为串行通信接口，简称串行口。

UART 通信距离较短，仅为几米，一般仅用于板级芯片之间的通信。实际应用中，通常对 UART 进行扩展或变换，从而得到适合较长距离传输的串行通信接口标准，如采用 RS-232 总线标准，其最大传输距离为 15 米，采用 RS-485 总线标准，其最大传输距离为 1200 米，RS-232、RS-485 这些异步串行通信接口的接口标准和总线标准规定了通信接口的电气特性、传输速率、连接特性及物理接口的机械特性等，属于物理层的范畴。串行口、COM 口是指物理接口形式，而 TTL、RS-232、RS-485 是指电平标准（电信号），由于历史原因，通用 PC 上的 COM 口因 IBM 的 PC 外部通信接口采用的是 RS-232，导致 RS-232 成为实际上默认的通信标准。

由于单片机中的 UART 采用的是 TTL 电平标准（0V 表示逻辑 0，5V 或 3.3V 表示逻辑 1），而 RS-232 的电平标准采用的是负逻辑（+3～+15V 表示逻辑 0，−3～−15V 表示逻辑 1），这种方式有利于减少信号衰减，相比 UART 的板级通信，RS-232 的传输距离最远可达 15 米。因此采用 RS-232 电平标准的 COM 口不能与采用 TTL 电平标准的单片机直接相连，需要使用 MAX232 芯片实现 RS-232 电平与 TTL 电平信号的转换才能通信，单片机的 UART 与 PC 机的 COM 口的连接如图 7-5 所示。

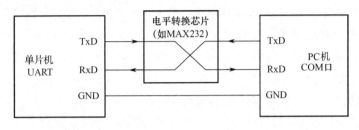

图 7-5 单片机的 UART 与 PC 机的 COM 口的连接

随着串行通信传输速率的提升，通用串行总线（Universal Serial Bus，USB）逐渐取代传统的 COM 口，成为新的行业标准，目前的笔记本电脑上已很难看到 RS-232 接口，因此，51 单片机开发中，常使用 USB 转串口，实现单片机与 PC 机的连接，用于程序下载等。

7.2 UART 相关的寄存器

89C51/S51 单片机内部集成一个全双工串行通信接口 UART，它可用作通用异步接收/发送器，也可以用作同步移位寄存器，89C51/S51 单片机 UART 的内部结构如图 7-6 所示。

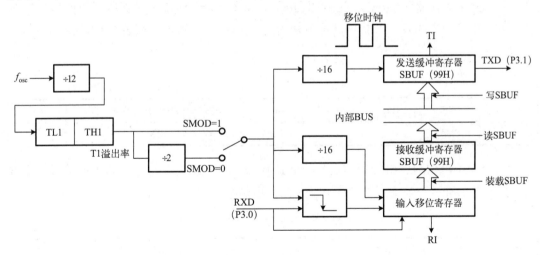

图 7-6 89C51/S51 单片机 UART 的内部结构

89C51/S51 单片机通过引脚 TXD（P3.1，串行数据发送端）和 RXD（P3.0，串行数据接收端）与外部设备进行通信。由图 7-6 可知，串行口通过缓冲寄存器 SBUF 实现数据的发送和接收，SBUF 从逻辑上看只有一个，字节地址为 99H，但在物理结构上，则是两个完全独立的寄存器，一个是接收缓冲寄存器 SBUF，另一个是发送缓冲寄存器 SBUF，两个都叫 SBUF，且占用同一个物理地址 99H，CPU 对 SBUF 的读/写操作，实质上是访问两个不同的寄存器。通俗地说，就相当于有两个门牌号相同的房间，一个只允许进不能出，另外一个只允许出不能进，这两个房间的人员出入相互不干扰，即实现单片机 UART 的全双工通信，支持同时进行收发，互不干扰。

串行发送和接收的速率与移位时钟同步。89C51/S51 单片机将定时器 T1 作为串行通信的波特率发生器，T1 的溢出率不分频或者 2 分频后又经 16 分频作为串行发送或接收的移位脉冲，移位脉冲的频率即通信的波特率。

串行口发送和接收数据是向发送缓冲寄存器 SBUF 写入数据或者从接收缓冲寄存器 SBUF 读出数据。当发送数据时，只需将数据装载到发送缓冲寄存器 SBUF，UART 就会自动将数据从 TXD 引脚向外发送出去，发送完毕后，发送中断标志位 TI 便会置 1。而接收器是双缓冲结构，接收数据会通过 RXD 先进入移位寄存器，然后装载到接收缓冲寄存器 SBUF，同时数据接收中断标志位 RI 会被置 1。当发读 SBUF 命令时，便由接收缓冲寄存器 SBUF 取出信息并通过 89C51 单片机内部总线送 CPU。为了保证接收数据时前后两帧数据不重叠，接收缓冲寄存器 SBUF 是双字节的，这样在单片机读取接收缓冲寄存器 SBUF 中的数据时能够同时进行下一个字节的数据接收。

89C51/S51 单片机用于控制串行通信的寄存器，主要涉及串行控制寄存器 SCON 和电源控制寄存器 PCON 及中断允许寄存器 IE。

7.2.1 串行控制寄存器

串行控制寄存器（Serial Control Register，SCON）主要用于设置串行通信的工作方式、接收和发送控制及串行口的状态标志等。SCON 各位的定义如表 7-1 所示。

表 7-1 SCON 各位的定义

	D7	D6	D5	D4	D3	D2	D1	D0
SCON 98H	9FH	9EH	9DH	9CH	9BH	9AH	99H	98H
	SM0	SM1	SM2	REN	TB8	RB8	TI	RI

（1）SM0 和 SM1：串行通信工作方式选择位。用于设置串行通信的 4 种通信工作方式，如表 7-2 所示，最常用的是工作方式 1，也是真正用于通信传输的方式。

表 7-2 串行通信工作方式

SM0	SM1	工作方式	说明	波特率
0	0	工作方式 0	8 位同步移位寄存器	f_{osc}(晶振频率)/12
0	1	工作方式 1	异步收发方式，10 位数据帧格式	由定时器 T1 控制
1	0	工作方式 2	异步收发方式，11 位数据帧格式	f_{osc}/32 或 f_{osc}/64
1	1	工作方式 3	异步收发方式，11 位数据帧格式	由定时器 T1 控制

（2）SM2：多机通信控制位，在串行通信工作方式 2 和工作方式 3 下才可使用。

（3）REN：数据允许接收控制位。由软件置 1 或清 0，当设置 REN=0，串行口不允许接收数据；当设置 REN=1 时才允许接收，相当于串行接收的开关。

（4）TB8：在工作方式 2 和工作方式 3 下，TB8 为要发送的第 9 位数据 D8。该位在工作方式 0 和工作方式 1 下未用。

（5）RB8：在工作方式 2 和工作方式 3 下，存放接收到的第 9 位数据 D8。该位在工作方式 0 下未用。

（6）TI：发送中断请求标志位。当串行口发送完一帧数据后，由单片机自动置 1，向 CPU 发出中断请求，即 TI=1，表示一帧数据发送完成，此标志位可触发中断，CPU 响应中断后，必须通过软件将其复位，即 TI=0。

（7）RI：接收中断请求标志位。当 89C51/S51 单片机接收完一帧数据后，此位被单片机自动置 1，向 CPU 发出中断请求。即 RI=1 时，表示接收一帧数据完毕。CPU 响应中断后，必须通过软件将该位复位，即 RI=0。

SCON 的字节地址为 98H，可位寻址。系统复位后，SCON 各位均为 0。

7.2.2 电源控制寄存器

电源控制寄存器（PCON）为 89C51/S51 单片机的电源控制寄存器，除了用于设置单片机的工作模式：掉电模式、正常模式等，该寄存器中的 SMOD 位还用于串行口设置相关的工作，PCON 各位的定义如表 7-3 所示。

表 7-3 PCON 各位的定义

位序号	D7	D6	D5	D4	D3	D2	D1	D0
位符号	SMOD	SMOD0	—	POF	GF1	GF0	PD	IDL
复位值	0	0	0	0	0	0	0	0

SMOD 为串行通信的波特率选择位。当 SMOD=1 时，工作方式 1、工作方式 2、工作方式 3 的波特率提高一倍。

工作方式 0 的波特率 $=f_{osc}/12$，其波特率是一个固定值，为单片机晶振频率的十二分之一，也就是一个机器周期。

串行通信工作方式 1 的波特率是由定时器 T1 产生的，此时定时器 T1 工作在工作方式 2，即 8 位的自动重装载工作方式下。工作方式 1 的波特率表达式为

$$工作方式 1 的波特率 = (2^{SMOD}/32) \times T1 溢出率$$

其中，T1 溢出率的表达式为

$$T1 溢出率 = (f_{osc}/12)/(256 - 初值 X)$$

常用波特率初值如表 7-4 所示。如果单片机选用的晶振频率为 11.0592MHz，则可得到比较精确的波特率，误差可以达到 0.00%，若选用 12MHz 的晶振，则存在一定的误差，这也是工程项目实践中系统频率设置为 11.0592MHz 的原因。

表 7-4 常用波特率初值

波特率（bps）	SMOD	定时器 T1 的初值 X	晶振（MHz）	误差（%）
2400	SMOD=0	F4H	11.0592	0
	SMOD=1	E8H	11.0592	0
4800	SMOD=0	FAH	11.0592	0
	SMOD=1	F4H	11.0592	0
9600	SMOD=0	FDH	11.0592	0
	SMOD=1	FAH	11.0592	0
19200	SMOD=0	FEH	11.0592	0
	SMOD=1	FDH	11.0592	0
2400	SMOD=0	F3H	12	0.16
	SMOD=1	E6H	12	0.16
4800	SMOD=0	F9H	12	−6.99
	SMOD=1	F3H	12	0.16
9600	SMOD=0	FDH	12	8.51
	SMOD=1	F9H	12	−6.99
19200	SMOD=0	FEH	12	8.51
	SMOD=1	FDH	12	8.51

PCON 字节地址为 87H，不能进行位寻址。系统复位后，SMOD=0。PCON 的其余位这里不再做介绍，有兴趣的读者可以查阅对应单片机的 Datasheet。

7.2.3 中断允许控制器

中断允许控制器（IE）中涉及串行中断允许控制位 ES，IE 各位的定义如表 7-5 所示。

表 7-5 IE 各位的定义

位序号	D7	D6	D5	D4	D3	D2	D1	D0
位符号	EA	—	—	ES	ET1	EX1	ET0	EX0
复位值	0	0	0	0	0	0	0	0

ES 为串行中断允许控制位。当设置 ES=0 时，将禁止串行中断；当设置 ES=1 时，允许串行中断。

7.3 串行口寄存器设置

由于串行口的不同功能实现是由软件来设置的，因此在使用串行口前需要对其进行初始化。

7.3.1 串行口初始化

对串行口相应寄存器进行设置也就是对串行口进行初始化工作，串行口初始化设置步骤如下。

1. 设置 SCON

该控制寄存器用于配置串行口的工作方式。比如，设置串行口工作在工作方式 1，且允许接收，可以对 SCON 进行字节控制，即设置 SCON=0x50，也可对 SCON 相关控制位进行位控制，即当设置 SM0=0，SM1=1，REN=1 时，其效果同 SCON=0x50。

2. 设置 TMOD

由于工作方式 1 和工作方式 3 波特率的计算与定时器 T1 有关，因此需要对定时器控制寄存器 TMOD 进行配置。比如，设置定时器 T1 工作方式为工作方式 2 时，需设置 TMOD=0x20，即 8 位自动重装载工作方式。

3. 设置定时器计数初值 X

根据给定波特率计算 TH1 和 TL1 的初值，这里还涉及 PCON 中 SMOD 的设置，当 PCON=0x80 时，设置波特率加倍。

4. 设置 TR1=1，即启动定时器 T1

涉及中断时，还需要开启串行口中断 ES=1 及总中断 EA=1。

说明，此处在将定时器 T1 作为波特率发生器时，不能使用 T1 的中断。

以单片机的晶振振荡频率 12MHz 为例，将上述串行口初始化设置的流程，封装成一个函数 Uart_Init( ) 的程序如下。

```
void Uart_Init( )              //串行口初始化
{
        SCON=0x50;             //串行通信工作方式设置为工作方式 1
        TMOD=0x20;             //设置定时工作方式 2
        PCON=0x80;             //波特率加倍
        TH1=0xF3;              //计数器初始值设置，注意波特率为 4800
        TL1=0xF3;
        TR1=1;                 //启动计数器
        ES=1;                  //打开串行接收中断
        EA=1;                  //打开总中断
}
```

7.3.2 串行口数据缓冲寄存器

串行口数据缓冲寄存器（SBUF）由发送缓冲寄存器 SBUF 和接收缓冲寄存器 SBUF 组成。其中发送缓冲寄存器 SBUF 只能写入不能读出，接收缓冲寄存器 SBUF

只能读出不能写入，所以单片机的串行口可以同时发送和接收数据，不会发生数据读写冲突。

通过串行口发送数据时，CPU 向发送缓冲寄存器 SBUF 中写数据，由 TXD 引脚向外发送一帧数据，数据发送完毕由硬件使能发送中断请求标志位 TI=1；串行口发送中断被响应后，TI 不会自动清 0，需要由软件清 0。

当接收中断请求标志位 RI=1 且 REN=1 时，通过串行口接收数据时，CPU 从接收缓冲寄存器 SBUF 中读取数据。

串行口发送一个字节及接收一个字节数据的程序如下。

```
//发送一个字节函数
void UART_SendOneByte(unsigned char ndata)
{
    SBUF=ndata;           //将待发送的数据放到串行口发送缓冲寄存器 SBUF 中
    while(!TI);           //等待发送完毕，发送完毕后 TI 被硬件置为 1
    TI=0;                 //软件清 0
}
//接收一个字节函数
void UART_RevOneByte( )
{
    unsigned char Revdata;
    while(!RI);           //等待接收完毕，接收完毕后 RI 被硬件置为 1
    RI=0;                 //软件清 0
    Revdata=SBUF;         //接收 SBUF 中的数据
    return Revdata;
}
```

由程序可知，当单片机发送数据时，只需要将欲发送数据放入发送缓冲寄存器 SBUF 中，即 SBUF=ndata；单片机会自动发送一个字节数据，若该字节数据发送完毕后，TI 会被置 1，为保证单片机还能继续发送数据，必须将 TI 清 0，即表明发送缓冲寄存器 SBUF 为空；当单片机的串行口接收一个字节数据完毕时，RI 会被置 1，为保证单片机还能继续接收数据，必须将 RI 清 0，即接收缓冲寄存器 SBUF 为空；只需要将数据从接收缓冲寄存器 SBUF 中读出，即 Revdata=SBUF；单片机串行口接收一个字节数据，若该字节数据接收完毕后，需要将接收的数据返回到主程序中进行数据处理，方便后续使用。

7.4 串行口应用

7.4.1 串行通信工作方式 0

工作方式 0 为同步移位寄存器输入/输出方式，常用于扩展 I/O 端口使用。TXD 用作输出移位时钟，作为同步信号，串行数据通过 RXD 输入或者输出，传输数据长度为 8

位，低位在前，高位在后，没有起始位、奇偶校验位和停止位，波特率固定为 $f_{osc}/12$。

【例 7-1】利用单片机的串行通信工作方式 0 实现与 74LS164 的数据通信，实现数据的串入并出功能，74LS164 与单片机的硬件连接图如图 7-7 所示。单片机通过 TXD 发送时钟信号，数据通过 RXD 串行输出到 74LS164 的输入端，在 74LS164 的输出端并行输出，并控制数码管显示发送数据。

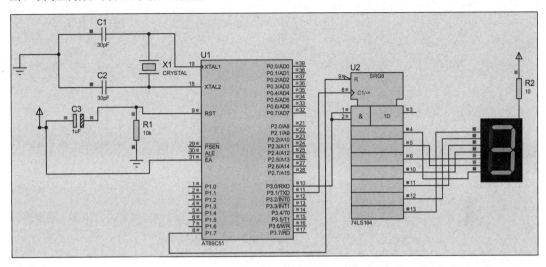

图 7-7　74LS164 与单片机的硬件连接图

程序如下。

```c
#include <reg51.h>
sbit R=P1^7;
unsigned char j;
unsigned char Table[]={0xC0,0xf9,0xA4,0xB0,0x99,0x92,0x82,0xf8,
0x80,0x90};
void delay(unsigned int ms)
    {
      unsigned char j;
      while(ms--) for(j=0;j<120;j++);
    }

void main()
{
    SCON=0x00;              //设置串行口工作方式 0，REN=0
    while(1)
    {
        R=1;               //使能 74LS164
        TXD=1;
        SBUF=Table[j];
        delay(1000);
        j++;
```

```
        if(j==9)
        {
           j=0;
        }
    while(TI==0);
    TI=0;
    TXD=0;
    R=0;                    //关闭74LS164
  }

}
```

7.4.2 串行口数据收发

【例7-2】串行口收发数据实例（通过串行口助手，将发送给单片机的数据显示到PC机，验证数据收发是否正确）。

程序如下。

```
#include <reg51.h>            //此文件中定义了单片机的一些特殊功能寄存器
typedef unsigned char u8;     //对数据类型进行声明定义
typedef unsigned int  u16;

void Uart_Init()              //串行口初始化函数
{
    SCON=0X50;                //串行通信工作方式设置为工作方式1
    TMOD=0X20;                //设置计数器工作方式2
    PCON=0X80;                //波特率加倍
    TH1=0XF3;                 //计数器初始值设置,注意波特率是4800bit/s
    TL1=0XF3;
    TR1=1;                    //打开计数器
    ES=1;                     //打开串行接收中断
    EA=1;                     //打开总中断
}

void main()
{
    Uart_Init();             //串行口初始化
    while(1);
}

void Uart_ISR( )  interrupt 4 //串行口中断处理函数
{
    u8 ReceiveData;          //定义收发数据类型
    ReceiveData=SBUF;        //将接收到的数据放到接收缓冲寄存器SBUF
    RI=0;                    //清除接收中断标志位
    SBUF=ReceiveData;        //将要发送的数据放入到发送寄存器
```

```
        while(!TI);                    //等待发送数据完成
        TI=0;                          //清除发送中断标志位
    }
```

运行结果如图 7-8 所示。

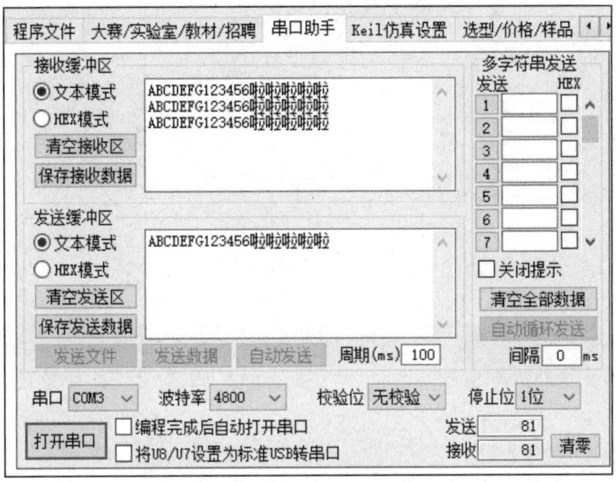

图 7-8　串行口收发数据实例运行结果

7.4.3　串行口双机通信

【例 7-3】单片机与单片机之间的通信，如图 7-9 所示，甲机只负责发送，乙机只负责接收，甲机的按键按下，乙机可以显示按下的次数，因为单个数码管限制，以显示 0～9 说明双机通信过程。

根据题意，甲机与乙机需要正常通信，首先必须配置通信协议，双方规定波特率为 9600bit/s，甲乙机的晶振频率均为 11.0592MHZ，双方使用串行通信工作方式 1，波特率由定时器 T1 的工作方式 2 产生，甲机只负责发送数据，REN=0，乙机负责接收数据，必须设置 REN=1；接着双机都要有自己的硬件电路图，甲机数据来源由按键触发，将发送的数据通过发送缓冲寄存器 SBUF 发出，乙机的数据通过接收缓冲寄存器 SBUF 接收，并将接收的数据送给数码管进行显示，完成甲机与乙机之间的数据通信；最后因为是两个单片机，所以需要有两个主函数，各自完成自己发送和接收到的任务驱动。

甲机的程序如下。

```
#include <reg51.h>
sbit Button=P1^0;
unsigned char j;
void delay(unsigned int ms)
    {
    unsigned char j;
    while(ms--) for(j=0;j<120;j++);
    }
```

```
void main()
{
  SCON=0x40;           //串行口初始化,SMODE=0,工作方式1,只负责发送数据 REN=0
  TMOD=0x20;           //T1定时工作方式2
  TH1=0xfd;            //波特率为9600bit/s
  TR1=1;               //启动定时器T1
  ET1=0;
  while(1)
  {
    while(Button==1);
    delay(5);
      if(Button==0)        //有键按下
      {
        ++j;               //按键按下次数加1
        while(!Button);    //按键弹起后发送按键计数次数
        SBUF=j;
        if(j==9)
        {
          j=0;
        }
        while(TI==0);      //等待数据发送结束
        TI=0;              //软件清0 TI
      }
  }
}
```

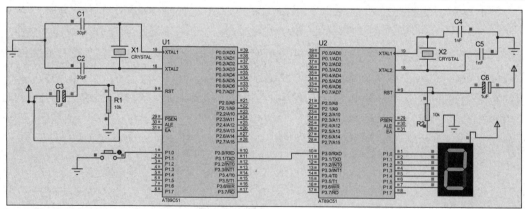

图 7-9 双机通信电路图

乙机的程序如下。

```
#include <reg51.h>
unsigned char Table[]={0xC0,0xf9,0xA4,0xB0,0x99,0x92,0x82,0xf8,
0x80,0x90};
```

```
void main()
{
    SCON=0x50;              //串行口初始化，SMOD=0，工作方式 1，允许接收数据
    TMOD=0x20;              //T1 定时工作方式 2
    TH1=0xfd;               //波特率为 9600bit/s
    TR1=1;                  //启动定时器
    ET1=0;
    while(1)
    {
        while(RI)
        {
            RI=0;
            P1=Table[SBUF];
        }

    }

}
```

7.4.4　串行口指令控制设备

【例 7-4】本例通过上位机发送字符命令，控制单片机外围的 LED 灯亮灭，其硬件连接电路图如图 7-10 所示。

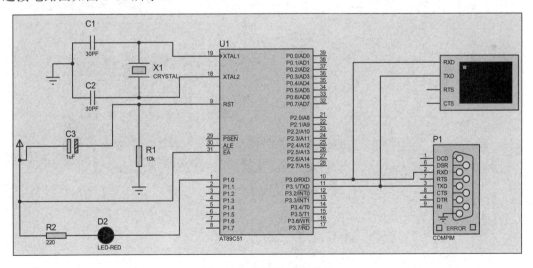

图 7-10　硬件连接电路图

程序如下。

```
#include <reg51.h>                          //头文件
sbit LED=P1^0;
void UART_Init (void)
```

```
    {
        SCON=0x50;              //设置串行通信工作方式 1，允许接收数据
        TMOD=0x20;              //设置 T1 工作方式 2
        TH1=0xFd;               //设置计数初值
        TL1=0xFd;
        PCON=0x00;              //SMOD=0,f=11.0592MHZ，设置波特率为 9600bit/s
        TR1=1;                  //启动定时器
    }

void main(void)
{
    UART_Init ();              //调用串行口初始化函数
    while(1)
     {
        if(RI)
        {
            RI=0;              //接收中断标志位软件清 0
            LED=!LED;          //灯的状态取反
        }
     }
}
```

仿真结果如图 7-11 所示，利用串行口 2 发送字符命令 A 一次，单片机接收缓冲寄存器 SBUF 收到数据 A，同时 LED 灯亮，再次发送字符 A，单片机接收缓冲寄存器 SBUF

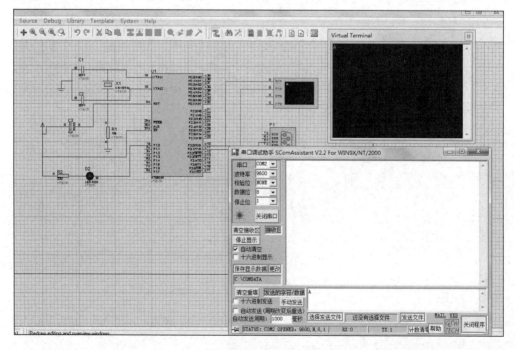

图 7-11　仿真结果

收到数据 A，同时 LED 灯灭。因为字符命令未规定具体字符，故本仿真过程中，任何字符都可以下命令控制单片机的 LED 灯亮灭。由此可见，利用上位机（PC 机）端发命令就是让数据通过接收缓冲寄存器 SBUF 间接去控制单片机的外设 LED 灯，如果将外设 LED 灯换成显示装置，那么电机控制、工业控制装置即可通过此种方法实现上位机（PC 机）控制下位机（单片机的不同外设）功能，因而在实际应用中被广泛使用。

习题与思考

一、填空题

1．89C51/S51 单片机的引脚，与串行通信有关的引脚是＿＿＿＿和＿＿＿＿。

2．89C51/S51 单片机串行通信中，发送和接收数据的寄存器是＿＿＿＿。

二、选择题

1．单片机串行口发送/接收中断源的工作过程是当串行口接收或发送收据时，将 SCON 中的（　　），向 CPU 申请中断。

    A．RI 或 TI 置 1　　　　　　　　B．RI 或 TI 置 0

    C．RI 置 1 或 TI 置 0　　　　　　D．RI 置 0 或 TI 置 1

2．单片机工作在串行通信工作方式 0 时，＿＿＿＿。

    A．数据从 RXD 串行输入，从 TXD 串行输出

    B．数据从 RXD 串行输出，从 TXD 串行输入

    C．数据从 RXD 串行输入或输出，同步信号从 TXD 输出

    D．数据从 TXD 串行输入或输出，同步信号从 RXD 输出

三、简答题

1．简述 89C51/S51 单片机串行口接收和发送数据的全过程。

2．89C51/S51 单片机串行通信有几种工作方式？有几种数据帧格式，各工作方式的波特率如何确定？

四、综合题

1．请使用开发板与串行口助手，利用工作方式 1，设波特率为 2400bit/s，通过 PC 机收发数据，完成下列功能之一，并将程序和串行口助手显示结果截图上传。

任务一：通过 PC 机向单片机发送小写字母，单片机接收后并通过发回 PC 机显示大写字母，并能通过串行口助手显示。

任务二：通过 PC 机发送不同字符，控制单片机系统的 LED 流水灯和数码管显示数字。

任务三：通过 PC 机发送不同字符，控制单片机系统的蜂鸣器鸣叫。

2．设计一个 89C51/S51 单片机的双机通信系统，设波特率为 9600bit/s，选用定时器定时模式、工作方式 2，请编程实现初始化程序。

第8章　单片机接口技术

89C51/S51单片机构成的最小应用系统，充分显示了单片机体积小、成本低的优点。但是，在设计实际系统时，经常要涉及各种功能需求，如人机对话、模拟信号测量、控制功能、通信功能等，此时，最小应用系统就不能满足要求了，必须进行相应的系统接口扩展。

知识目标

1. 理解和掌握串行通信 SPI、IIC 总线的基本概念、工作原理；
2. 理解和掌握独立按键、矩阵按键的工作原理；
3. 理解和掌握显示器 LCD1602 的显示原理；
4. 理解和掌握 ADC 的基本概念、工作原理。

能力目标

1. 掌握串行通信 SPI、IIC 的应用；
2. 掌握显示器 LCD1602 的编程应用；
3. 能根据应用需求进行 ADC 的选型及应用实践。

课程思政与职业素养

1. 人机交互接口设计，界面设计具有人性化；
2. SPI、IIC 总线通信协议有严格时序要求，实际生活中，培养学生做事要遵守规章制度，设计产品符合规范化要求，培养学生的通用接口标准化意识；
3. ADC 有两个重要的技术指标：转换精度和转换速度，两者之间的关系如同鱼和熊掌，不可兼得，根据实际需求，具体问题具体分析，培养学生的辩证思维能力；
4. 通过学习按键、LCD 显示，培养学生养成认真务实、脚踏实地的工作态度，以及高素质的职业素养；
5. 通过单片机结构化程序代码的实践与训练，培养和锻炼学生的职业素养。

8.1 通信总线接口

从总线的角度，单片机系统的接口扩展可分为并行扩展和串行扩展两种类型。前者并行扩展是指利用单片机的地址总线、数据总线和控制总线三组总线来进行系统扩展，串行扩展按照某种串行总线规范进行扩展，包括 89C51/S51 串行口、SPI、IIC、1-wire 等。与并行扩展总线相比，串行扩展总线电路结构简单，程序编写方便，更容易实现用户系统软硬件的模块化和标准化。目前串行扩展技术已经成为新一代单片机发展的一个主要特点。

8.1.1 SPI 总线

1. SPI 总线原理

串行外设接口（Serial Peripheral Interface，SPI）总线是 Motorola 公司推出的一种同步串行外设接口。它可以使单片机与各种外围设备以串行方式进行通信以交换信息。外围设备包括 ADC、DAC、实时时钟、RAM、E^2PROM 及并行 I/O 接口等。SPI 总线一般使用 4 根线：串行时钟线 SCK、主器件输入/从器件输出数据线 MISO、主器件输出/从器件输入数据线 MOSI 和低电平有效的从器件选择线 SS。

SPI 串行接口是在 CPU 和外围低速器件之间进行同步串行数据传输的，工作方式以主从方式为主，通常为一个主设备和一个或者多个从设备通信，在主器件的移位脉冲下，数据按位传输，高位在前，低位在后，为全双工同步通信，数据传输速度总体来说比 IIC 总线要快，速度最高可达到 10Mbps。

SPI 串行接口包含以下 4 种信号。

MOSI：主器件数据输出，从器件数据输入。

MISO：主器件数据输入，从器件数据输出。

SCK：时钟信号，由主器件产生。

CS：从器件使能信号，由主器件产生。

SPI 模块和外设进行数据交换时，根据外设的工作要求，其输出串行同步时钟的极性（CPOL）和相位（CPHA）可以进行配置，CPOL 只是控制串行同步时钟的空闲状态，为高电平或者低电平，而 CPHA 则控制串行同步时钟的第一个或者第二个跳变沿（上升或者下降）的数据被采集，如有的器件在时钟的上升沿接收数据，在下降沿发送数据，有的器件则相反。为保证 SPI 通信正常，SPI 主器件与外设从模块的时钟相位和时钟极性应该保持一致。由于 89C51/S51 单片机没有 SPI 接口，通常利用并行 I/O 端口模拟 SPI 串行总线时序，实际应用中采用主从模式，其通信示意图如图 8-1 所示。

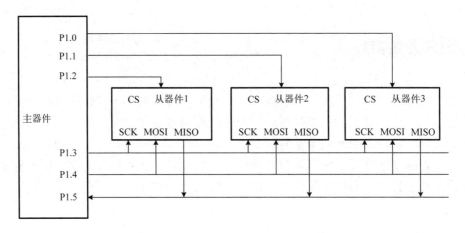

图 8-1　单片机扩展 SPI 总线通信示意图

2．SPI 应用

由于 89C51/S51 单片机本身没有 SPI 串行接口，因此需要使用软件来模拟 SPI 的操作，包括串行时钟、数据输入和数据输出。以 CPOL=1，CPHA=1 为例，即以数据上升沿发送，下降沿接收为例，说明 89C51/S51 单片机利用 I/O 端口模拟 SPI 的通信过程。为方便说明，利用单片机的 P1.0、P1.1、P1.2 和 P1.3 分别模拟 CS、SCK、MISO（数据输入端）和 MOSI（数据输出端）信号，其 SPI 串行接口硬件连接示意图如图 8-2 所示。

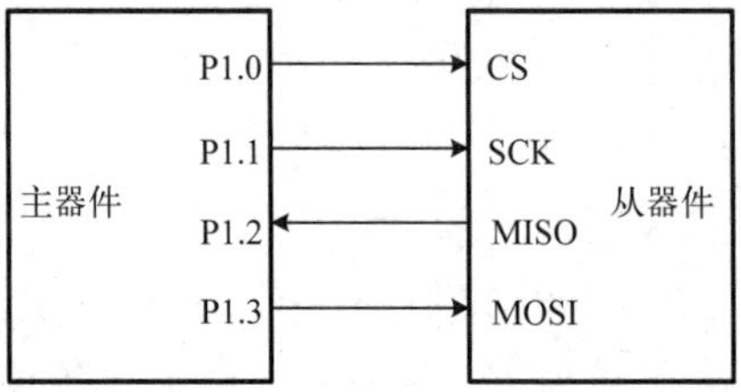

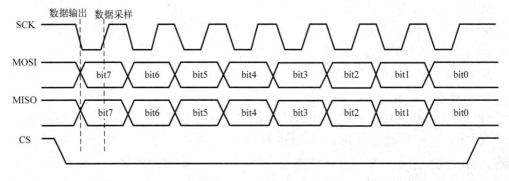

图 8-2　SPI 串行接口硬件连接示意图

单片机作为主器件进行读和写操作，其读写时序如图 8-3 所示。

图 8-3　SPI 读写时序

以 SPI 读和写一个字节的数据为例，封装为两个函数 SPI_send(unsigned char data)和 unsigned char SPI_receive()，具体程序如下。

```
sbit  CS=P1^0;
sbit  CLK=P1^1;
```

```
  sbit  MISO=P1^2;
  sbit  MOSI=P1^3;
  unsigned char SPI_send(unsigned char data)
  {
   CS=0;
   unsigned char i;
   for(i=0;i<8;i++)
   {
     CLK=0;
     if(data&0x80==1)           //判断最高位是 1 还是 0
     {
      MOSI=1;
     }
    else
     {
       MOSI=0;
     }
     CLK=1;                    //上升沿发送数据
     data<<=1;                 //向左移位发送下一位数据
   }
  }
  unsigned char SPI_receive( )
  {
   unsigned char i,data1;
   CS=0;
   data1=0;
   for(i=0;i<8;i++)
   {
     data1>>=1;
     while(CLK==1);
     while(CLK==0);            //下降沿读取数据
     data1|MISO=1;
   }
   return data1;
  }
```

8.1.2　IIC 总线

1. IIC 总线原理

IIC 总线是 NXP 公司推出的一种串行总线，是具备多主器件系统所需的包括总线裁决和高低速器件同步功能的高性能串行总线。IIC 总线是一种两线式串行总线，在器件之间使用两根信号线（SDA 和 SCL）进行信息串行传送，并允许若干兼容器件共享，其基本结构如图 8-4 所示。

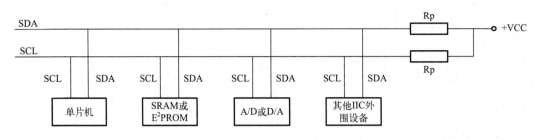

图 8-4　IIC 总线的基本结构

SDA 线称为串行数据线，传输双向的数据；SCL 线称为串行时钟线，传输时钟信号，用来同步串行数据线上的数据。由于 SDA 和 SCL 引脚都是漏极开路输出结构，因此 SDA 和 SCL 接上拉电阻 Rp 并接正电源，一般上拉电阻取值为 3～10kΩ。当总线空闲时，两根线均为高电平，连接到总线的任一器件输出低电平，都将使总线的信号变低，且连接总线器件的输出极必须是开漏或集电极开路，以具有线"与"功能。IIC 总线上的数据传送速率可达 100kbit/s 以上，连接在总线上的器件数量仅受总线电容 400pF 的限制。

2．IIC 总线的数据传输协议

IIC 总线上的器件按照传输协议进行数据传送。主器件用于启动总线上传送数据并产生时钟以开放传送的器件，此时被寻址的器件为从器件。对于数据传输，IIC 总线的信号时序有如下规定。

1）起始信号和停止信号

每次数据传送由起始信号启动，由停止信号终止。起始条件（START）和停止条件（STOP）的时序关系如图 8-5 所示。在 SCL 为高电平期间，SDA 电平发生一个由高到低的变化，就构成起始条件，总线上的操作必须在此之后进行；在 SCL 为高电平期间，SDA 电平发生一个由低到高的变化，则构成停止条件，总线上的操作必须在此之前结束。当总线空闲时，SDA 和 SCL 均为高电平。仅在总线空闲时，才能开始数据传输。

2）寻址字节

主器件发送完起始信号后，需要先传送一个寻址字节，其格式如图 8-6 所示，其中高 7 位为从器件地址，最低位 D0 是控制数据传送方向的方向位 R/$\overline{\text{W}}$，R/$\overline{\text{W}}$ =1 表示主器件读，W/R=0 表示主器件写。

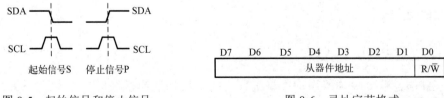

图 8-5　起始信号和停止信号　　　　　　图 8-6　寻址字节格式

3）数据传输格式

总线上传输的数据格式以字节为单位，高位在先，低位在后，每个被传输字节后面都需要有应答信号（一帧 9 位），其字节传输时序如图 8-7 所示。从器件每收到一个数据字节，必须返回 1 个低电平应答信号（Acknowledge），表示为 ACK 或 A=0，但在数据传输一段时间后无法继续接收更多数据时，从器件可以采用非应答信号（高电平信号，表示为 NO ACK）通知主器件，主器件在第 9 个时钟脉冲检测到 SDA 的非应答信号，则会发出停止信号结束数据传输；同样，主器件在收到从器件发送的每个字节之后，也必须产生一个应答信号。在执行读操作、接收最后一个字节后，主接收器不发送 ACK=0，而是发一个高电平信号，表示为 NO ACK，此时，从发送器让出 SDA 线，使其成为高电平，以使主器件发送停止条件。

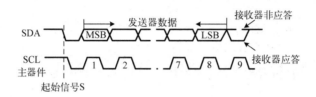

图 8-7　字节传输时序

4）数据传输时序

IIC 数据传输时序如图 8-8 所示。为保证数据传送有效，要求在 SCL 保持高电平（SCL=1）期间，SDA 必须维持稳定。在 SCL 保持低电平（SCL=0）期间，串行数据，即 SDA 状态可以变化。每位数据需要一个时钟脉冲。

SCL 由主器件控制，从器件在忙时会拉低 SCL，字节数据由发送器发送，响应位由接收器发出。

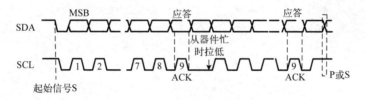

图 8-8　IIC 数据传输时序

SDA 线上会发生竞争现象，总线竞争可能在地址或数据位上进行，此时发送电平与 SDA 线不对应的器件会自动关掉其输出级，由于是利用 IIC 总线上的信息进行仲裁，因此信息不会丢失。总线控制完全由竞争的主器件送出的地址和数据决定。

3. 89C51/S51 单片机 IIC 扩展方法

由于 89C51/S51 单片机本身没有 IIC 总线接口，因此需要使用通用并行 I/O 端口模拟 IIC 总线接口的时序。

假设利用单片机的 P2.0 和 P2.1 分别来模拟 SCL 和 SDA，其 IIC 总线接口硬件连接示意图如图 8-9 所示。

由于 IIC 总线无片选信号,因此只有当 SDA 和 SCL 都空闲,即 SDA 和 SCL 都为高电平时才能进行扩展。为方便说明,将起始信号、停止信号和应答信号产生过程进行封装,要求在 SCL 为高电平期间,起始信号产生,SDA 由高电平向低电平变化产生一个下降沿,表示起始信号,其函数可以封装为 void IIC_Start();数据传输过程中,IIC 没有固定波特率,但有时序的要求,在 SCL 为低电平期间,SDA 才允许变化,即发送方必须先保持 SCL 为低

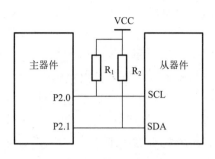

图 8-9　IIC 总线接口硬件连接示意图

电平,才可以改变数据线 SDA,输出当前要发送的一位数据;而在 SCL 为高电平期间,SDA 绝对不能变化,因为此时接收方要读取当前 SDA 的电平信号是高还是低。为方便使用,以一个字节数据的读写为例,将 IIC 总线读写函数分别封装为 IIC_ReadNAK() 和 bit IIC_Write(unsigned char dat) 函数;在 SCL 为高电平期间,停止信号产生,SDA 由低电平向高电平变化产生一个上升沿,表示停止信号,其函数可以封装为 void IIC_Stop();下面将 4 个封装函数进行说明。

```c
sbit IIC_SCL=P2^0;
sbit IIC_SDA=P2^1;
void IIC_Start()
{
    IIC_SDA=1;                  //首先确保 SDA、SCL 都是高电平
    IIC_SCL=1;
    IIC_Delay();               //保持电平的时间大概几个 μs
    IIC_SDA=0;                  //先拉低 SDA
    IIC_Delay();
    IIC_SCL=0;                  //再拉低 SCL
}
#define IIC_Delay() {_nop_();_nop_();_nop_();_nop_();}

/* 产生总线停止信号 */
void IIC_Stop()
{
    IIC_SCL=0;                  //首先确保 SDA、SCL 都是低电平
    IIC_SDA=0;
    IIC_Delay();
    IIC_SCL=1;                  //先拉高 SCL
    IIC_Delay();
    IIC_SDA=1;                  //再拉高 SDA
    IIC_Delay();
}
/* IIC 总线写操作,dat-待写入字节,返回值-从器件应答位的值 */
bit IIC_Write(unsigned char dat)
{
```

```c
    bit ack;                         //用于暂存应答位的值
    unsigned char mask;              //用于探测字节内某一位值的掩码变量
    for (mask=0x80; mask!=0; mask>>=1) //从高位到低位依次进行
    {
        if ((mask&dat)==1)    //该位的值输出到 SDA 上
            IIC_SDA=1;
        else
            IIC_SDA=0;
        IIC_Delay();
        IIC_SCL=1;                 //拉高 SCL
        IIC_Delay();
        SCL=0;                     //再拉低 SCL，完成一个位周期
    }
    IIC_SDA=1;              //8 位数据发送完后，主器件释放 SDA，以检测从器件应答
    IIC_Delay();
    IIC_SCL=1;                 //拉高 SCL
    ack=SDA;                   //读取此时的 SDA 值，即为从器件的应答值
    IIC_Delay();
    IIC_SCL=0;                 //再拉低 SCL 完成应答位，并保持住总线

    return (~ack);         //应答值取反以符合通常的逻辑：
                           //0=不存在或忙或写入失败，1=存在且空闲或写入成功
}
/* IIC 总线读操作，并发送非应答信号，返回值为读到的字节 */
unsigned char IIC_ReadNAK()
{
    unsigned char mask;
    unsigned char dat;
    IIC_SDA=1;                             //首先确保主器件释放 SDA
    for (mask=0x80; mask!=0; mask>>=1) //从高位到低位依次进行
    {
        IIC_Delay();
        IIC_SCL=1;                 //拉高 SCL
        if(IIC_SDA==1)             //读取 SDA 的值
            dat|=mask;             //为 1 时，dat 中对应位置 1
        else
            dat&=~mask;            //为 0 时，dat 中对应位清零
        IIC_Delay();
        IIC_SCL=0;                 //再拉低 SCL，以使从器件发送出下一位
    }
    IIC_SDA=1;                             //8 位数据发送完后，拉高 SDA，发送非应答信号
    IIC_Delay();
    IIC_SCL=1;                 //拉高 SCL
    IIC_Delay();
    IIC_SCL=0;                 //再拉低 SCL 完成非应答位，并保持住总线
    return dat;
}
```

8.2 键盘接口技术

8.2.1 键盘接口的概述

键盘是计算机的输入设备，CPU 通过检测键盘机械触点断开和闭合时电压信号的变化来确定按键状态。按键是否闭合，反映在电压上就是呈现出高电平或低电平。如果用高电平表示断开，低电平就是闭合状态，所以可以根据按键电平高低状态的检测，确定按键是否按下。

由于机械触点的弹性作用，在闭合及断开瞬间电压信号伴随有一定时间的抖动，抖动时间与按键的机械特性有关，一般为 5～10ms。按键稳定闭合的时间长短则由操作者的按键动作决定，一般为零点几秒到几秒的时间。

为了保证 CPU 确认一次有效按键动作，必须消除抖动的影响。消除按键抖动的措施有硬件消除和软件消除两种方法。根据抖动信号的特点，通常采用软件消除的办法。实现方法是在程序执行过程中检测到有键按下时，先调用一段延时（约 10ms）子程序，然后判断该按键的电平是否仍保持在闭合状态，如果处于闭合状态，则确认有键按下。

8.2.2 键盘的硬件接口

89C51/S51 单片机在扩展键盘接口时，可以利用 I/O 端口与键盘进行连接，常用的键盘接口主要有两种：独立式键盘接口和矩阵式键盘接口。

独立式键盘接口是指各个按键相互独立，每个按键接单片机一条输入信号线，各条信号线的按键状态相互不影响，其硬件连接图如图 8-10 所示。单片机通过检测每一条输入信号线的电平状态，判断哪个按键被按下。

独立式按键电路结构简单，软件设计简单，缺点是由于每个按键需要一根输入信号线，在按键数量较多时，占用输入资源过多，所以一般只适用于按键较少或操作速度较高的场合。

独立式按键电路的每个按键都占用一个单片机引脚，随着按键的增多，为了节约引脚数量，采用矩阵式键盘接口，由行线和列线组成，按键跨接在行线和列线上，按键按下时，行线与列线发生短路。

矩阵式键盘接口特点为占用单片机 I/O 端口较少，但软件结构较复杂。如图 8-11 所示，有 4 行和 4 列组成，第 0 行第 0 列的键值为 0，第 0 行第 1 列的键值为 1，依此类推，可知，对于 4×4 矩阵键盘，其第 i 行、第 j 列的键的键值为 $i×4+j$；同理，可知当矩阵键盘为 $m×n$（m 为行数，n 为列数）时，其第 i 行、第 j 列的键的键值为 $i×n+j$。

矩阵式键盘处理程序的功能是确定被按下按键的行和列，并计算对应的键值，从而转去执行目标功能，其步骤如下。

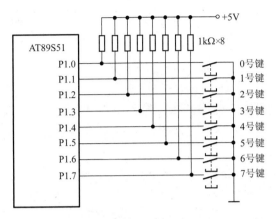
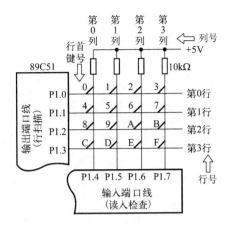

图 8-10　独立式键盘接口硬件连接图　　　　图 8-11　4×4 矩阵式键盘

1）确定是否有键按下

同一行上所有按键的行线都连接在单片机的同一个引脚，同一列上所有按键的列线接在单片机的同一引脚。

在判断是否有键按下时，首先，先给所有的行引脚输出低电平 0，若无键按下，则键盘的所有行引脚和列引脚电气上是不连通的，此时列引脚是高电平。若有键按下，则被按下按键的行端和列端被短路，导致此按键所在的列引脚变成低电平 0。由此可见，在判断是否有键按下时，可以令所有行引脚输出低电平，然后读取所有列引脚的电平，若任意一列为低电平，则意味着有键按下。若判断无键按下，则退出键盘处理程序，否则进入下一步延时去抖动。

2）延时去抖动

与独立式按键处理程序相同，调用延时大约 10ms 的延时子程序，以消除按键机械抖动可能引起的误判。

3）再次判断是否有键按下

重复步骤 1）再次判断是否有键按下，若无键按下，则扫描键的状态；否则进入下一步确定键值。

4）确定被按下按键的键值

为了确定按键的键值，必须先得到键的行号和列号。将键盘的行引脚逐一设置为低电平 0，并检测行信号为 0 的那一行上是否有列引脚电平为 0 的按键，如果有，那么该列与该行交叉处的按键就是按下的按键，记录按键的行号和列号，根据行列号可以计算出对应的键值。

5）等待按键抬起

按照与步骤 1）相同的方法判断是否有键按下。若判断结果为没有键按下，则意味着之前按下的按键已经抬起，可以退出按键处理程序。否则，不断重复检查，直到按键抬起为止。

在实际应用中，矩阵式键盘接口除了使用上面的行扫描法，还可以通过线反转法实现。线反转法的编程方法和行扫描法类似，都需要读取键盘的键值。线反转法按键识别的依据是键号与键值的关系。对于某一个按下的键，如 2 号键，先使列线输出全 "0"，读行线，结果为 0EH；再使行线输出全 "0"，读列线，结果为 B0H。将两次读到的结果拼成一个字节，即 BEH，该值为键值。

下面以 4×4 矩阵式键盘为例说明线反转法的编程方法，图 8-12 为单片机的 P2 端口控制 4×4 矩阵式键盘的 Proteus 仿真电路图，P0 端口控制静态数码管，当按键按下时，数码管显示相应按键的键值。

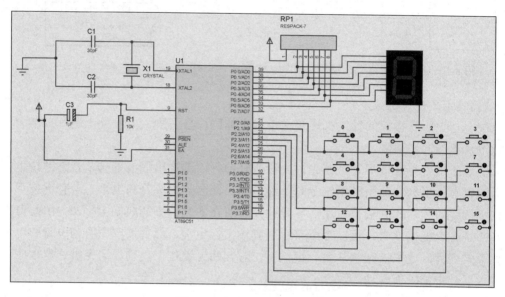

图 8-12　Proteus 仿真电路图

其程序如下。

```
#include <reg51.h>
#define LED  P0                                    //宏定义I/O端口
#define KEY  P2
    unsigned char Display[]={0x3f,0x06,0x5b,0x4f,0x66,0x6d,0x7d,
0x07,0x7f,0x6f,0x77,0x7c,0x39,0x5e,0x79,0x71};      //定义0～F的显示码
unsigned char Key_Value;                           //定义键值变量
void delay(unsigned int ms)                        //延时子函数
   {
      unsigned char j;
      while(ms--) for(j=0;j<120;j++);
   }
void Key_Press(void)                               //按键检测函数
   {
       char i=0;
       KEY=0x0f;
       if(KEY!=0x0f)                               //判断按键是否按下
         {
```

```c
        delay(10);                   //延时去抖动
          if(KEY!=0x0f)              //再次判断按键是否按下
      {
          KEY=0x0f;                  //行扫描
          switch(KEY)
           {
             case 0x0e:  Key_Value=0;break;
                                     //第 0 行有键按下，记录第 0 行行号
             case 0x0d:  Key_Value=1;break;
                                     //第 1 行有键按下，记录第 1 行行号
             case 0x0b:  Key_Value=2;break;
                                     //第 2 行有键按下，记录第 2 行行号
             case 0x07:  Key_Value=3;break;
                                     //第 3 行有键按下，记录第 3 行行号


           }
          KEY=0xf0;                  //列扫描
          switch(KEY)
           {
             case 0xe0:  Key_Value=Key_Value*4+0;break;
                                     //第 0 列有键按下，行键号加列键号
             case 0xd0:  Key_Value= Key_Value*4+1;break;
                                     //第 1 列有键按下，行键号加列键号
             case 0xb0:  Key_Value= Key_Value*4+2;break;
                                     //第 2 列有键按下，行键号加列键号
             case 0x70:  Key_Value= Key_Value*4+3;break;
                                     //第 3 列有键按下，行键号加列键号
           }
          while((i<50)&&(KEY!=0xf0))//检测按键是否弹起
           {
            delay(10);
               i++;
           }
        }

    }

}


void main()
{
  while(1)
    {
     Key_Press();                    //判断按键是否按下，并获取按键的键值
     LED=Display[Key_Value];         //将按键键值号的段码送数码管显示
    }
}
```

8.3　LCD1602 显示模块

8.3.1　原理

LCD 是液晶显示器的简称，1602 是一种字符型液晶，LCD1602 是一种专门用来显示字母、数字、符号等的点阵型液晶模块，LCD1602 可以显示的内容为 16×2 个，即显示两行，每行 16 个字符模块。每个字符模块由 5×7 或者 5×11 点阵字符位组成，每个点阵字符位都可以显示一个字符，每位之间有一个点距的间隔，每行之间也有间隔，起到了字符间距和行间距的作用，因此不能很好地显示图形。

LCD1602 本身不发光，它是通过借助外接光线照射液晶材料而实现显示的被动器件，常用来显示各种文字、数字和图形。

如表 8-1 所示，液晶的 VSS、VDD 及 BLA、VL 引脚正常接电源和地。VL 引脚用来调整单个显示字符位的显示黑点和不显示黑点之间的对比度，使用户能看到显示的字符内容，该引脚通过电位器的分压来调整 VL 的电压，实现液晶显示功能。RS 引脚是数据命令选择端，主要通过主控芯片向 LCD1602 发送高低电平判断主控发送的是命令还是数据信号；R/$\overline{\text{W}}$ 引脚是读写选择，说明既可以向液晶写入数据，也可以从液晶读出数据。E 端是使能端，无论是读写数据或者命令，使能端必须有效才能进行；D0～D7 是数据信号传输端，所以进行硬件设计时，要考虑 3 条控制信号，8 条数据信号和电源背光控制等，图 8-13 为 LCD1602 与单片机的硬件接口电路。

表 8-1　LCD1602 液晶引脚功能

符号	引脚说明	符号	引脚说明
VSS	电源地	D2	数据
VDD	电源正极	D3	数据
VL	液晶显示偏压	D4	数据
RS	数据/命令选择（H/L）	D5	数据
R/$\overline{\text{W}}$	读/写选择（H/L）	D6	数据
E	使能信号	D7	数据
D0	数据	BLA	背光源正极
D1	数据	BLK	背光源负极

8.3.2　LCD1602 字符库

LCD1602 内部集成 192 种（5×7 点阵）字符库 ROM（CGROM），字符码地址范围为 00H～FFH，其中 00H～07H 字符码与用户在 CGRAM 中生成的自定义图形字符的字模组相对应，用户只需要将要显示的字符码地址写入 LCD1602 相应位置的数据显示存储器（DDRAM），则 LCD1602 在其内部控制电路下，可实现将字符在显示器显示。例如，用户将 30H 写入 DDRAM，控制电路就会将对应的字符库 ROM 中字符"0"的点阵数据显示在 LCD 上。

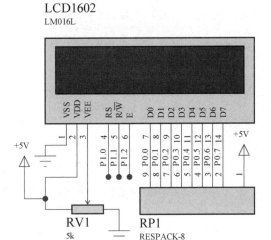

图 8-13　LCD1602 与单片机的硬件接口电路

模块内有 80B 的 DDRAM，除显示内部自带的 192 种字符外，还有 64B 的自定义字符 RAM，用户可自定义 8 个 5×7 点阵字符。

8.3.3　LCD1602 指令集

LCD1602 共有 11 条指令，用于对 LCD 进行初始化、读/写控制、光标设置、显示数据的指针设置等，其指令表如表 8-2 所示，单片机通过向 LCD1602 写入设置合适的指令命令字来实现各功能。

表 8-2　LCD1602 指令集

序号	指令	RS	R/W	D7	D6	D5	D4	D3	D2	D1	D0
1	清显示	0	0	0	0	0	0	0	0	0	1
2	归位	0	0	0	0	0	0	0	0	1	×
3	设置输入模式	0	0	0	0	0	0	0	1	I/D	S
4	显示开关控制	0	0	0	0	0	0	1	D	C	B
5	光标或字符移位	0	0	0	0	0	1	S/C	R/L	×	×
6	功能设置命令	0	0	0	0	1	DL	N	F	×	×
7	CGRAM 地址设置	0	0	0	1	A5	A4	A3	A2	A1	A0
8	DDRAM 地址设置	0	0	1	A6	A5	A4	A3	A2	A1	A0
9	读忙标志和地址	0	1	BF	A6	A5	A4	A3	A2	A1	A0
10	写数据	1	0	D7	D6	D5	D4	D3	D2	D1	D0
11	读数据	1	1	D7	D6	D5	D4	D3	D2	D1	D0

指令集说明如下。

1．清显示

功能：清 DDRAM、地址计数器 AC，光标回到地址 00H 处（显示屏左上角），但不改变移位元设置模式。

2．归位

功能：AC=0，光标及游标所在位的字符回到地址 00H 处。

3．设置输入模式

功能：设置光标，画面移动方式。I/D 为字符码写入或读出 DDRAM 后地址指针 AC 变化方向位，I/D=1，AC 自动加 1，I/D=0，AC 自动减 1。

S 为屏幕上所有字符移动方向控制位：S=1，当写入一个字符时，整屏显示根据 I/D 的状态移动；S=0，整屏显示不移动。

4．显示开关控制

功能：设置显示、光标及闪烁的开关。

D 为屏幕整体显示控制位：D=0，关显示；D=1，开显示。

C 为光标有无控制位：C=0，无光标；C=1，有光标。

B 为光标闪烁控制位：B=0，关闪烁；B=1，开闪烁。

5．光标或字符移位

功能：光标、画面移动。

S/C 为光标或者字符移位选择控制位：S/C=0，光标移动；S/C=1，字符移动。

R/L 为移位方向选择控制位：R/L=0，左移；R/L=1，右移。

6．功能设置命令

功能：工作方式设置。

DL 为传输数据的有效长度选择位：DL=0，4 位数据接口；DL=1，8 位数据接口。

N 为选择显示器行数控制位：N=0，一行显示；N=1，两行显示。

F 为字符显示的点阵控制位：F=0，显示 5×7 点阵；F=1，显示 5×10 点阵。

7．CGRAM 地址设置

功能：设置 CGRAM 地址，A5～A0=00H～3FH；将用户自定义显示字模数据的首地址 A5～A0 送入 AC 中，用户自定义字模就可以写入 CGRAM 或从 CGRAM 中读出。

8．DDRAM 地址设置

功能：将 DDRAM 存储显示字符的字符码首地址 A6～A0 送入 AC，于是显示字符的字符码就可以向 DDRAM 中或者从 DDRAM 中读出。LCD1602 有 80 字节的 DDRAM 缓冲区，显示一行时，A6～A0=00H～4FH；显示两行时，第 1 行地址为 A6～A0=00～

27H，第 2 行地址为 A6～A0=40H～67H。当向 DDRAM 的 00H～0FH（第 1 行）、40H～4FH（第 2 行）地址写入数据时，LCD1602 的数据可以直接显示出来。当写入数据到地址 10H～27H（第 1 行）、50H～67H（第 2 行）时，字符不能直接显示，必须通过字符移位，移动到 00H～0FH（第 1 行）、40H～4FH（第 2 行）地址处方可正常显示。

9. 读忙标志和地址

功能：读忙标志 BF 和地址计数器 AC。

BF=1 时，说明 LCD1602 正在进行内部操作，不能接收任何数据和指令；BF=0 时，表示不忙，可以介绍数据或者指令。此时地址计数器 AC 的当前内容 A6～A0 数据有效。

10. 写数据

功能：将数据写入 DDRAM 或 CGRAM。

11. 读数据

功能：从 DDRAM 或 CGRAM 读出数据。

8.3.4　LCD1602 读写时序

1. 读状态

输入：RS=L，R/$\overline{\text{W}}$=H，E=H。输出：D0～D7=状态字。

2. 读数据

输入：RS=H，R/$\overline{\text{W}}$=H，E=H。输出：D0～D7=读数据。

3. 写指令

输入：RS=L，R/$\overline{\text{W}}$=L，D0～D7=指令码，E=高脉冲。输出：无。

4. 写数据

输入：RS=H，R/$\overline{\text{W}}$=L，D0～D7=数据，E=高脉冲。输出：无。

此处高脉冲表示 E 端要先由低拉高，再由高拉低，形成一个高脉冲。

8.3.5　LCD1602 的控制

LCD1602 的上电复位状态为清除屏幕显示、单行显示、设置 8 位数据宽度、5×7 点阵字符；显示屏、光标、闪烁功能均关闭，输入方式为整屏显示不移动，即 I/D=1。

LCD1602 是显示字符的，因此它跟 ASCII 码字符表是对应的。比如，给 0x00 的这个地址写入 "a"，即十进制的 97H，液晶的最左上方就会显示一个字母 a。一个字符的操作过程一般分为 4 个阶段：LCD1602 初始化过程、定位显示字符的位置、写命令和写数据。为方便说明，定义初始化函数为 void InitLcd()，定位显示字符的位置函数为 void Lcd_Set_Addr(unsigned char x, unsigned char y)，写命令函数为 void LcdWCmd (unsigned char Cmd)，写数据（显示字符）函数为 void LcdWData(unsigned char Wdata)。由于液晶本身内部有 RAM，送给液晶的命令或数据需要先保存在缓存中，然后再写入内部的寄存器或 RAM 中，这就需要一定的时间，所以在读操作和写操作之前，首先要读取下液晶的当前状态是否为忙状态，如果不忙，可以读写数据，如果忙，需要等待液晶忙完再进行操作，所以还需要有一个测试忙状态的函数，用函数 bit Check_Busy()说明。

1. 状态字检测操作

```
bit Check_Busy( )
{
    unsigned char temp;
    LCD_port=0xff;              //置端口为输入状态
    E=0;                        //避免 LCD1602 干扰其他信号
    RS=0;                       //读状态时序设置
    RW=1;
    E=1;                        //E 为高电平时，状态数据输出
    temp=(LCD_port&0x80);
    E=0;                        //释放总线
    if(temp!=0)
     return(1);                 //忙
    else
     return(0);                 //"不忙，准备就绪"
    }
```

2. 写入命令字操作

```
void  LcdWCmd( unsigned char Cmd )
{
  While(Check_Busy( ) );
  E=0;
  RS=0;                          //写入命令时序
  RW=0;
  LCD_port=Cmd;                  //Cmd：待写入的命令数据
  E=1;
  _nop_();
  E=0;                           //E 正脉冲
  }
```

3. 写入一个字节数据

```
void  LcdWData( unsigned char Wdata )
{
  While(Check_Busy( ) );
  E=0;
  RS=1;                          //写入数据时序
  RW=0;
  LCD_port=Wdata;                //Wdata：待写入的数据值
  E=1;
```

```
      _nop_();
      E=0;                              //E 正脉冲
    }
```

4. LCD1602 初始化过程

```
void InitLcd( )
{
    LcdWCmd(0x38H);          //显示模式设置（16×2 显示，5×7 点阵，8 位数据接口）
    LcdWCmd(0x0CH);          //设置开显示，不显示光标
    LcdWCmd(0x06H);          //写一个字符后，地址指针加 1
    LcdWCmd(0x01H);          //显示清屏，数据指针清零
}
```

5. 定位显示字符的位置函数

```
void  Lcd_Set_Addr( unsigned char x, unsigned char y)
{
  unsigned char  temp;
  temp=0x80+0x00+x;       //x:行地址
   if(y!=0)               //第 y 行，y=0/1
  temp+=0x40;
  LcdWCmd(temp);          //数据指针设置是命令
}
```

此函数说明用数学的坐标方式来进行 LCD 屏上显示数据的定位，LCD1602 中显示两行的首地址分别为 00H 和 40H，如果是数据从第 0 行第 1 列开始显示，说明写入数据的地址为 00H+1=01H，写入该数据的指令码为 80H+地址码，即 80H+01H=81H，所以调用写入指令函数 LcdWCmd(0x81)实现数据指针设置；如果数据从第 1 行第 1 列开始显示，说明写入数据的地址为 40H+1=41H，写入该数据的指令码为 80H+地址码，即 80H+41H=C1H，所以调用写入指令函数 LcdWCmd(0xC1)实现数据指针设置。程序将欲显示的数据提前放在数组中，首先定位数据所在的行首地址，然后根据显示字符的数量确定需要发送的数据位数，即可完成 LCD1602 显示数据的功能。

6. 应用举例

假设有 32 个字符存放在数组 LCD_buf[32]中，利用前面介绍的函数编程实现将此数组的内容送入 LCD1602 显示。

程序如下。

```
void  Lcd_Disp(void)
{
  unsigned char  i;
Lcd_Set_Addr (0,0);                    //设置第 0 行地址
For(i=0;i<16;i++)
LcdWData(LCD_buf [i]);                 //发送字符数据
Lcd_Set_Addr (0,1);                    //设置第 1 行地址
for(i=16;i<32;i++)
```

```
        LcdWData(LCD_buf [i]);                    //发送字符数据
    }
void main()
{
    void InitLcd( );
    Lcd_Disp( );
    while (1);
    }
```

8.4 模数转换器

8.4.1 模数转换器 PCF8591

PCF8591 是一个单片集成、单独供电、低功耗的 8 位 CMOS 数据采集器件，单电源供电，电压范围为 2.5～6V，其封装形式如图 8-14 所示。它具有 4 路模拟输入通道、1 路模拟输出通道和一个串行 IIC 总线接口。4 个模拟输入可编程为单端型或差分输入，它的 3 个地址引脚 A0、A1 和 A2 用于硬件地址编程，最多允许 8 个 PCF8591 器件连接到 IIC 总线，而无须额外的硬件片选电路。在 PCF8591 器件上输入/输出的地址、控制和数据信号都是通过双线双向 IIC 总线以串行的方式进行传输。PCF8591 的 ADC 是逐次逼近型的，转换速率属于中速，由于受 IIC 通信速度的限制，PCF8591 是个低速的 A/D 和 D/A 的集成，主要应用在一些转换速度要求不高，成本较低的场合，如电池供电设备，主要用来在测量电压低于限定值进行报警提示的场合。PCF8591 引脚功能如表 8-3 所示。

表 8-3　PCF8591 引脚功能

符号	引脚说明	符号	引脚说明
AIN0～AIN3	模拟信号输入端	EXT	内部/外部时钟选择线
A0～A2	地址引脚端	AGND	模拟信号地
VSS	电源负端	VREF	基准电源端
SCL	IIC 总线的时钟输入端	AOUT	D/A 转换输出端
SDA	IIC 总线的数据输入端	VDD	电源正端
OSC	时钟信号输入/输出端		

8.4.2 PCF8591 应用

PCF8591 的通信接口是标准 IIC 总线，89C51/S51 单片机并未自带 IIC 串行接口，必须使用 I/O 端口模拟 IIC 时序，保证与 PCF8591 建立正常的 IIC 通信。89C51/S51 单片机对 PCF8591 进行初始化，需要对三个寄存器进行配置。第一个器件为地址字节寄存器，如图 8-15 所示，其中 D0 位设置器件读写方向，D0=1，器件处于写入操作

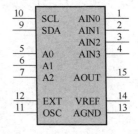

图 8-14　PCF8591 的封装形式

状态,D0=0,器件为读出操作状态。D1～D7位决定器件的地址,地址高4位固定为1001B,低三位是 A2、A1 和 A0,可以根据三位的组合确定不同 PCF8591 的地址。

发送的第二个字节将被存储在控制寄存器中,控制寄存器也是一个字节长度,其中 D3 和 D7 位固定为 0,其他的 6 位设置不同实现的功能不同,控制寄存器的功能如图 8-16 所示。

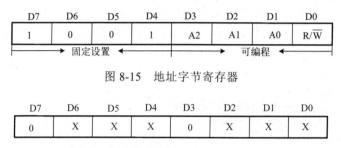

图 8-15 地址字节寄存器

D7	D6	D5	D4	D3	D2	D1	D0
0	X	X	X	0	X	X	X

图 8-16 控制寄存器的功能

控制寄存器的 D6 位是 D/A 的使能位,当 D6=1 时,D/A 输出使能,会产生模拟电压输出功能。D4 和 D5 位通过不同的组合实现将 PCF8591 的 4 路模拟输入配置成单端模式和差分模式,其模拟输入配置方式如图 8-17 所示。D2 位是自动增量控制位,当 4 个通道全部使用时,读完通道 0,自动进入通道 1 继续读取,不需要指定下一个通道,这种方式会导致每次 A/D 转换读到的数据都是上一次的转换结果,使用时需要注意。D1 和 D0 位是通道选择位,00、01、10、11 分别代表通道 0～3。

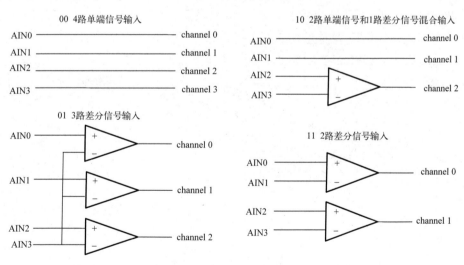

图 8-17 模拟输入配置方式

发送给 PCF8591 的第 3 个字节数据,表示 D/A 模拟输出的电压值。

A/D 单端输入信号时,如果其中一根线上发生干扰,如幅度增大,GND 不变,测到的数据就会有偏差。差分输入信号时,当外界存在干扰信号时,只要布线合理,大都同时被耦合在两条线上,例如,当信号幅度增大时,每路信号幅度都同时增大,而接收端只关心两个信号的差值，所以外界的共模噪声可以被完全抵消掉。由于两根信号的极性相反，因此它们对外辐射的电磁场可以相互抵消，可有效提高抗干扰能力。

D/A 输出与 A/D 输出刚好是反方向的，一个 8 位的 D/A，范围为 0～255，如果代表 0～2.55V 的话，那么当单片机发送的第 3 个字节数据是 100 时，对应 D/A 引脚就会输出 1V 的电压。利用 D/A 转换，可以实现输出方波、三角波、锯齿波等波形。

PCF8591 的 A/D 转换初始化主要实现选择输入方式和选择通道，控制过程：首先发送启动 IIC 总线信号，发送器件地址（写入地址字），接收响应信号，再写入控制字数据，响应信号后，发出停止信号 P。

程序如下。

```
bit Init_PCF8591(unsigned char sla, unsigned char c)
{
    Start_IIC();            //启动信号
    SendByte(sla);          //发送 PCF8591 的地址字（若 A2~A0=000,
                            //   sla=0x90），写命令 0
    if(ack==0)return(0);    //如果器件 PCF8591 无应答，返回 0
    SendByte(c);            //收到应答信号，写入控制字 C，若选择单端 4 通道
                            //   中的 0 通道，c=0x40
    if(ack==0)return(0);
    Stop_IIC();             //若有应答信号，停止 IIC 总线，返回 1
    return(1);
}
```

从 PCF8591 读取 A/D 转换后的数据，其操作过程如下：首先启动 IIC 总线信号，写入地址字数据（读操作），接收响应信号，接收读取数据，发送非应答信号，发出停止信号 P，并返回从 PCF8591 读出的数据。其程序如下。

```
unsigned char IRcvByte(unsigned char sla)
{ unsigned char c;
    Start_IIC();            //启动信号
    SendByte(sla+1);        //发送地址字，读命令（若 A2~A0=000，sla+1=0x91）
    if(ack==0)return(0);    //如果器件 PCF8591 无应答，返回 0
    c=RcvByte();            //有应答，接收 A/D 转换的结果
    Ack_IIC(1);             //发送非应答位
    Stop_IIC();             //结束总线传输，返回转换结果
    return(c);
}
```

同样可以使用 PCF8591 实现 D/A 转换，其控制实现过程：首先启动 IIC 总线信号，写入地址字数据（写操作），接收响应信号，写入控制字数据，使能 D/A 转换，向 PCF8591 写入需要进行 D/A 转换的数据，等待响应后发出停止信号 P。其程序如下。

```
bit DACconversion(unsigned char sla,unsigned char c, unsigned char Val)
{
```

```
        Start_IIC();                //启动信号
        SendByte(sla);              //发送 PCF8591 的地址字（若 A2～A0=000,sla=0x90），
                                      写命令 0
        if(ack==0)return(0);
        SendByte(c);                //写入控制字 C，使能 D/A 转换功能（若使用单端通道 0，
                                      则 c=0x40）
        if(ack==0)return(0);
        SendByte(Val);              //D/A 转换数据输出
        if(ack==0)return(0);
        Stop_IIC();                 //结束总线传输
        return(1);
    }
```

习题与思考

1. 单片机应用系统常用的显示器有哪些方式？

2. 简述 SPI 和 IIC 通信协议，并说明其与单片机 UART 的区别。

3. 简述 LCD1602 显示器件的特点与使用场合。

4. 利用 LCD1602 显示器，通过设计电路，并编写程序，实现以下功能：在 LCD1602 显示 "I LOVE LCD" 字符。

5. 通过串行口助手，使字符 "I LOVE LCD" 在 LCD1602 上显示出来。

6. 单片机应用系统的键盘接口有哪几种方式？请简述不同方式的接口实现过程。

7. 利用 4×4 矩阵按键实现，当按键按下时，实现数码管显示 0～F 数字功能。

8. 用一个按键控制并实现单个数码管上显示数字 0～F 的变化过程。

第 9 章　综合项目实践

通过第 1~8 章的学习，掌握了单片机的硬件结构、工作原理、程序设计方法、人机接口等，已经掌握了单片机基本模块软、硬件的设计基础。本章将按照单片机应用系统的一般开发流程完成水质 TDS 测量仪的设计项目，通过此综合项目的设计与开发，进一步学习和领会单片机应用系统设计、开发和调试的思路、技巧和方法。

》》 知识目标

1. 熟悉 89C51/S51 单片机应用系统开发的一般流程；
2. 理解和掌握单片机应用开发系统的功能需求分析、系统设计。

》》 能力目标

1. 能够对 89C51/S51 单片机应用系统进行功能需求分析；
2. 能够根据系统需求进行硬件设计和软件设计；
3. 能够对单片机应用系统进行调试。

》》 课程思政与职业素养

1. 根据系统需求，对系统的软、硬件进行功能划分；
2. 通过单片机结构化程序代码的实践与训练，培养学生的职业素养。

9.1　单片机应用系统设计概述

单片机应用系统作为一个控制系统的典型系统，具有复杂系统的基本特点。针对复杂系统，一般采用"问题分解—抽象建模—算法设计—测试与优化"实现对系统的构建。

（1）问题分解。将复杂的系统问题，采用自顶向下逐步分解的方法，将复杂问题分解为相互独立的可简单实现的子系统或子模块。

（2）抽象建模。通过对现实问题的分解，把现实问题抽象化，实现从现实物理世界到数字世界的搭建，建立数字化的基于计算机处理的系统模型。

（3）算法设计。算法是流程化的，对抽象化的问题模块，采用计算机能够理解和可执行的步骤，用清晰的逻辑和流程进行表述，这一过程称为算法设计。

（4）测试与优化。对于一个单片机应用系统，迭代开发和逐步优化是一个产品普遍遵循的规律，系统在持续的测试和优化过程中，实现系统性能提升、产品的迭代升级，开发更具人性化操作的界面，使应用系统得到更好的使用。

9.1.1　系统需求分析

（1）根据现实问题，确定系统具体要完成的功能、用途。单片机应用系统的开发必须首先明确用途，有明确的应用场合是应用系统开发的前提，通过广泛的市场调研，了解当前市场上是否存在同类的应用系统，分析同类产品所具备的优缺点，根据市场应用前景，确定系统设计的目标和方向，从而明确系统要实现的功能，以及系统的性能指标。

（2）根据系统要达到的技术要求和技术指标，确定系统在硬件、软件及结构上的可实现性。主要包括系统中有哪些关键技术和关键技术指标，需要采取什么样的方法确保关键技术和关键技术指标的实现；系统中有哪些关键性元器件和材料，如何确保这些关键性元器件和材料的供应，以及面临突发状况时，采用哪些替代方案。

对应用系统进行技术可行性分析，综合考虑系统的性能、成本、可操作性及经济效益，确定一个合理的技术指标，编写系统设计任务书。

（3）系统功能的可扩展、升级。对应用系统进行分析时，还需要考虑产品的更新升级问题，应预留一部分接口资源，为以后系统的扩展和升级做好准备。

9.1.2　系统总体设计

对现实问题进行抽象，建立应用系统模型，绘制系统总体设计框图。

通过系统的需求分析，明确系统要实现的功能，然后针对该系统了解当前有哪些可行的解决方案，通过方案之间的对比，从器件选型、外设接口、成本、性能、开发周期、开发难度等多方面进行考虑，最终确定最适合的系统总体设计方案。

根据系统总体方案设计，确定单片机型号、硬件和软件的功能划分和为适应工作环境必须考虑的电路设计措施，从而保证系统的可靠性。

1．单片机型号的选择

所选用的单片机的片内资源能否满足系统性能要求，例如，片内存储容量、片内外设等，需要综合考虑性价比，并且要能够胜任系统需要完成的控制任务；对单片机结构要熟悉，以缩短开发周期；芯片货源要稳定，方便批量生产和后期系统维护。

2．硬件和软件的功能划分

根据系统功能要求和技术要求，对系统的硬件和软件功能进行统一规划，因为同一控制功能既可以用硬件实现，又可以用软件实现。通常情况下，硬件实现速度快，但硬件设计电路复杂，成本相对较高；软件实现相对成本低廉，但软件执行过程需要占用 CPU 的时间。所以，如果系统实时控制要求高，考虑用硬件设计完成控制；反之，尽量采用软件实现，性价比高。

3．系统可靠性设计

单片机应用系统一般用于复杂和环境较为恶劣的场合，长时间的使用中，不可避免会遇到各种各样的问题和故障，如何使单片机应用系统能够长期、可靠的工作，这就涉及系统的可靠性设计和抗干扰设计。

首先，对系统整体规划时，充分考虑可能影响系统可靠性的环境因素，采取必要措施预防故障和隐患；其次，在系统功能设计时要考虑系统有自动监测和处理故障能力，即系统有自动诊断模块；最后，对于异常操作或无法解决的问题，应及时切换到备用装置或具备报警功能的装置，引起警示。

9.1.3　系统硬件设计

根据系统总体设计要求，确定系统中所需完成各个功能模块的元器件，并设计出系统的硬件电路原理图和 PCB 图，经测试后完成电路板制作和组装。一般来说，硬件设计包括以下几个方面。

1．单片机最小系统设计

主要完成时钟电路、复位电路和电源电路设计，电源电路设计要充分考虑所有元器件的供电电压，确保系统正常工作。

2．人机界面设计

主要完成按键、开关、显示、报警灯等电路的设计。

3．接口电路的设计

前端接口电路设计主要有 A/D 转换电路、开关量接口电路、传感器电路、放大电路、I/O 接口电路。后端接口电路设计主要有 ROM 扩展、RAM 扩展、I/O 接口扩展电路、D/A 转换电路、驱动及执行机构电路设计。

9.1.4 系统软件设计

软件设计主要涉及算法设计，包括系统主程序设计、数据采集和处理程序设计、控制算法设计、人机交互设计、数据管理程序设计。软件设计通常采用自顶向下（Top-Down）的模块化程序设计方法，关键在于将软件系统功能进行有效的模块化分解，内容包括系统总体流程图及细化的各功能模块流程图，确定所采用的数据处理算法和表达式，从而给定系统的精度或取值的上下限。

9.1.5 系统功能测试和优化

1．系统功能测试

对照系统功能需求分析阶段的开发任务书和技术指标，对单片机系统所具备的功能进行测试，测试硬件是否正常工作，测试软件算法流程是否正确完整。

通过系统上电、掉电测试及强电磁干扰环境下的测试，对应用系统进行系统可靠性测试。

2．系统优化

应用系统的研发最终目的是投放市场，为了具有良好市场竞争力，不断优化系统软硬件设计兼容性，在提高系统功能指标的同时，不断提高系统的性价比。系统设计时，应注重方便使用和方便维修，系统硬件和软件尽量模块化，便于产品升级优化。人机界面功能配置简单明了，便于用户使用，方便系统推广使用。

一个典型的单片机应用系统开发流程如图 9-1 所示。

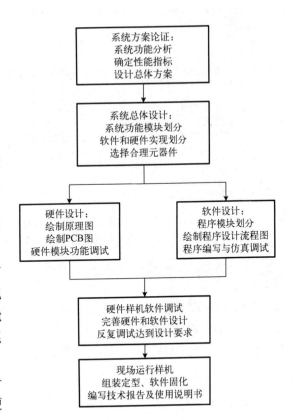

图 9-1　单片机应用系统开发流程

9.2 单片机应用系统设计案例

9.2.1 系统分析和总体设计

饮用水的水质的是人们普遍关注的问题。而饮用水的水质可以用 TDS、余氯量、pH 值作为衡量标准。TDS 即溶解性固体总量，是影响饮用水水质的重要因素，它会直接影响水的口感，TDS 一般可以通过测量水的电导率得到。随着微处理器技术和集成电路技术的发展，数字化的电极式电导率测量法逐渐成为主流测量方法。

本项目采用电阻分压法并充分利用 89C51/S51 单片机强大的处理能力和丰富的配置资源，设计一种水质 TDS 测量仪。该测量仪以 STC89C51 单片机作为控制核心，并完成相关硬件电路设计，主要有温度测量模块、电源电路模块、电导率采集模块、电导率检测模块和显示模块。根据以上的分析，设计了水质 TDS 测量仪总体设计框图，如图 9-2 所示。

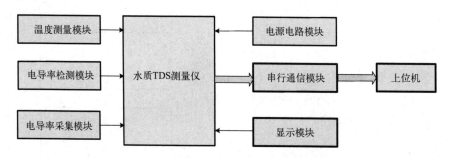

图 9-2 水质 TDS 测量仪总体设计框图

通过模数转换芯片 ADC0808 采集采样电阻电压，并根据采样值计算出水的电导率；同时利用 DS18B20 采集当前温度，利用温度校准实现温度对电导率的自动补偿，使用线性插值法对数据进行线性化处理，将处理结果通过 LCD1602 实时显示。

9.2.2 系统硬件设计

水质 TDS 测量仪硬件设计电路如图 9-3 所示，主要有单片机最小系统、电源和电源指示电路、DS18B20 温度测量电路、电导率测量电路、LCD1602 显示驱动电路、CH340G 串行口下载电路、ADC0808 电导率采集电路等。

1. 主控电路

主控电路由 STC89C51 单片机构成，负责整个测量系统的控制。考虑到串行通信波特率计算方便，本系统使用 11.0592MHz 晶振，其电路如图 9-4 所示。各 I/O 端口电路功能描述如表 9-1 所示。

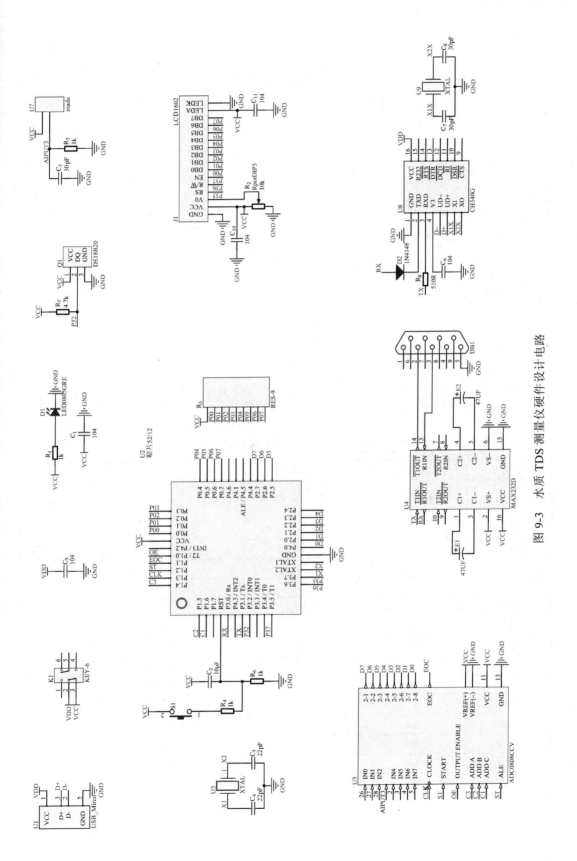

图 9-3 水质 TDS 测量仪硬件设计电路

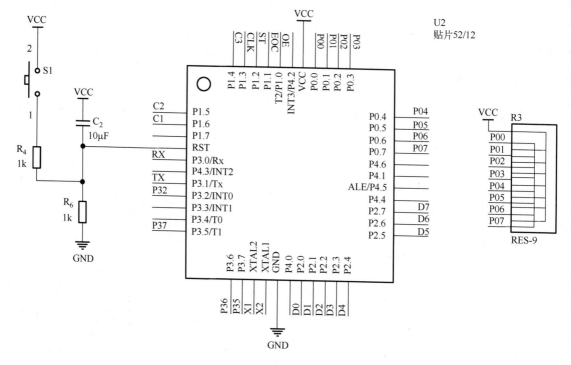

图 9-4　主控电路

表 9-1　各 I/O 端口电路功能描述

I/O 端口	I/O 方向	网络标号	功能描述
P0.0	输出	P00	1602 显示信号
P0.1	输出	P01	1602 显示信号
P0.2	输出	P02	1602 显示信号
P0.3	输出	P03	1602 显示信号
P0.4	输出	P04	1602 显示信号
P0.5	输出	P05	1602 显示信号
P0.6	输出	P06	1602 显示信号
P0.7	输出	P07	1602 显示信号
P1.0	输出	OE	ADC0808 输出使能信号
P1.1	输入	EOC	ADC0808 转换结束信号
P1.2	输出	ST	ADC0808 启动转换信号
P1.3	输出	CLK	ADC0808 时钟信号
P1.4	输出	C3	ADC0808 转换通道选择信号 C
P1.5	输出	C2	ADC0808 转换通道选择信号 B
P1.6	输出	C1	ADC0808 转换通道选择信号 A
P2.0	输入	D0	ADC0808 转换结果
P2.1	输入	D1	ADC0808 转换结果
P2.2	输入	D2	ADC0808 转换结果

续表

I/O 端口	I/O 方向	网络标号	功能描述
P2.3	输入	D3	ADC0808 转换结果
P2.4	输入	D4	ADC0808 转换结果
P2.5	输入	D5	ADC0808 转换结果
P2.6	输入	D6	ADC0808 转换结果
P2.7	输入	D7	ADC0808 转换结果
P3.0	输入	RX	串行口接收数据
P3.1	输出	TX	串行口发送数据
P3.2	输入/输出	P32	DS18B20 温度输入，控制输出
P3.5	输出	P35	1602 数据指令选择控制端
P3.6	输出	P36	1602 读写控制线
P3.7	输出	P37	1602 读写操作控制位

2．电导率测量电路

分压法利用了串联分压的原理，测量过程中忽略了电容效应的影响，将水溶液视为一个纯电阻，电压为 R_X，通过测量与其相串联的标准电阻的电压 R_S，间接求得被测水溶液电导率的值。分压法测量原理图如图 9-5 所示。其中，测量电阻 R_S 为 1kΩ 的精密电阻。

电源电压为 VCC，测量电阻电压为 U_R 则根据欧姆定律可得：

$$R_X = R_S \times \left(\frac{U_R}{VCC} - 1 \right)$$

注意：这种方法在测量过程中，忽略了电容效应和极化效应可能会造成的影响，测量结果精确度不高，测量误差较大，后续软件中需要进行误差处理。

3．电导率采集电路

电导率的测量是通过实时测量采样电阻的电压，然后根据欧姆定律计算出被测水的电阻值，进而计算出其电导率。电导率测量电路输出的是模拟电压信号，所以为了使用单片机对数据进行处理，必须实现模拟量与数字量之间的相互转换。本方案采用 ADC0808 作为模数转换器，它是一种逐次逼近行模数转换器，其电路原理图如图 9-6 所示。

4．温度测量电路

在实际测量过程中，水溶液温度会对电导率测量精度造成很大的影响，必须要对温度所造成的误差进行补偿，所谓补偿就是指把实际测量温度下所测量计算得到的 TDS 值转换成标准温度 25℃时的对应值，因此需要对水温进行测量。本项目选择达拉斯半导体公司（Dallas）生产的温度传感器 DS18B20，通过 STC89C51 单片机来实现对温度的测量工作。温度测量电路如图 9-7 所示，该电路主要由一个上拉电阻 R_7 和温度传感器 DS18B20 所构成，电路中使用上拉电阻的目的是使 DS18B20 可以更好地处在稳定的工作状态中，上拉电阻 R_7 的大小可以根据实际工作电路来进行调节，本项目取 4.7kΩ。

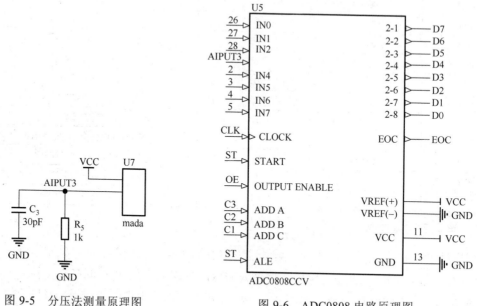

图 9-5 分压法测量原理图

图 9-6 ADC0808 电路原理图

5. 显示驱动电路

显示是人机交互最为直观的方式，作为水质检测仪器，需要显示屏实时显示当前被测水溶液的 TDS 值信息，本项目采用 LCD1602 显示屏实现水质参数信息的显示功能。LCD1602 显示驱动电路如图 9-8 所示。单片机的 P0 端口通过上拉电阻连接 LCD1602 的 DB0~DB7，单片机的 P3.5 引脚连接 LCD1602 的数据与命令选择引脚 RS，单片机的 P3.6 引脚连接 LCD1602 的读写控制引脚 $R/\overline{W}$，单片机的 P3.7 引脚连接 LCD1602 的使能控制引脚 EN。

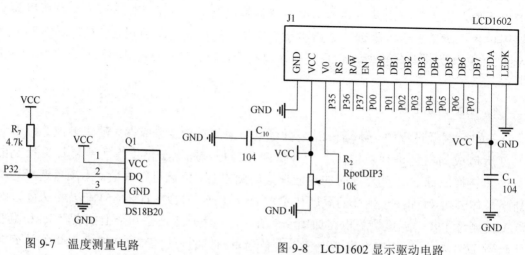

图 9-7 温度测量电路

图 9-8 LCD1602 显示驱动电路

6．串行口下载电路

STC89C51 单片机可以通过 ISP 下载方式烧写程序，本系统采用 CH340G 实现 ISP 下载。图 9-9 为 CH340G 芯片设计的 ISP 串行口下载电路。CH340G 是一个 USB 总线的转接芯片，实现 USB 转串口、USB 转 IrDA 红外或者 USB 转打印口，是一款比较成熟的国产芯片。其具有如下特点：全速 USB 设备接口，兼容 USB V2.0，外围元器件只需要晶体和电容，与计算机端 Windows 操作系统下的串行口应用程序完全兼容，无须修改，硬件全双工串行口，内置收发缓冲区，支持 50bps～2Mbps 的通信波特率，支持 5V 电源电压和 3.3V 电源电压。

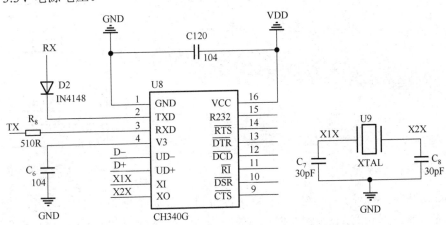

图 9-9　CH340G 芯片设计的 ISP 串行口下载电路

9.2.3　系统软件设计

软件是水质 TDS 测量仪的灵魂，所有的数据运算和处理、系统硬件功能的协调工作、结果显示等都是由软件来实现的。水质 TDS 测量仪通过采集温度信息和测量采样电阻的电压，经过温度补偿处理和线性化处理计算之后得到 TDS 测量值，利用 LCD1602 实时显示温度和 TDS 测量数据。系统软件设计采用模块化设计方法，根据系统的功能，本系统软件主要包括主函数、A/D 采样模块、TDS 测量值处理模块、温度采集模块、温度补偿模块、线性化处理模块、显示函数模块，系统主程序流程图如图 9-10 所示。

1．温度采集程序设计

本项目选用的是单总线器件 DS18B20，单片机按照通信协议用一个 I/O 端口模拟 DS18B20 的时序，发送命令实现其对于水温度测量结果的读取。DS18B20 的命令主要有初始化、复位、应答信号、读/写 1、读/写 0。以下是部分对 DS18B20 温度读取的程序。

```
int getTmpValue()
{
    unsigned int tmpvalue;
```

```
        int value;
        float t;
        unsigned char low, high;
        sendReadCmd();

        low=readByte();
        high=readByte();

        tmpvalue=high;
        tmpvalue<<=8;
        tmpvalue|=low;
        value=tmpvalue;

        t=value*0.0625;
        temValue=t;
        value=t*100+(value>0?0.5:-0.5);
        return value;
    }
```

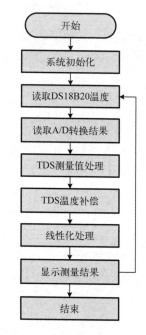

图 9-10　系统主程序流程图

2．A/D 采样程序设计

ADC0808 是 8 位的逐次逼近型 A/D 转换器，带 8 个模拟量输入通道，芯片内部带地址译码器，通过设置地址引脚 ADDC、ADDB、ADDA 为 000～111 可分别选择模拟输入通道 IN0～IN7。由于本电路采用 IN3 作为电导率检测的输入通道，因此编程时将 P1 设置为 P1=0x3F，这样就选择了 IN3 作为输入通道。ADC0808 转换程序如下所示。

```
unsigned int Get_AD_Value()
{
float t;  //保存A/D转换结果
ST=0;
//将A/D启动信号置低电平，延时2ms，再置高电平，形成一个上升沿信号，使得转换器
内部清零
    delayMs(2);
    ST=1;
    delayMs(2);
    ST=0;            //延时2ms，再置低电平，形成一个下降沿信号，启动A/D转换器
    while(!EOC);     //等待A/D转换结束
    OE=1;            //输出信号置高电平，打开三态缓冲器，将A/D结果输出
    t=1000*(5.0/(0.0196*P2)-1.0);  //读取A/D结果，并处理
    OE=0;
    return t;
}
```

ADC0808 的时钟信号由单片机定时器 T0 的中断子程序提供，其中定时器 T0 的配

置为工作方式 2，定时时间为 250μs，为 A/D 转换器 CLOCK 引脚提供的时钟频率约为 2000Hz。定时器的配置程序及中断函数如下。

```
//定时器 0 初始化配置
void TIMER0_INIT()
{
    TMOD=0X02;              //配置工作方式 2，定时功能
    TH0=0X14;               //赋初值
    TL0=0X00;
    IE=0X82;                //定时器 T0 中断允许，CPU 总中断允许
    TR0=1;                  //启动定时器 T0
}

//定时器 T0 中断函数
void Timer0_INT() interrupt 1
{
  CLK=!CLK;                 //产生 A/D 转换所需时钟信号
}
```

3. TDS 测量值处理

单片机读取的 A/D 转换器转换结果是一个 8 位二进制数据。TDS 测量值数据处理是将这样一个二进制数据 0x00～0xFF 转换成 0～5V 的字符形式，进而通过分压法原理计算出水的电导率。当测量值为 5V 电压时，ADC 转换结果为 255；当测量值为 0V 电压时，ADC 转换结果为 0。假设 A/D 转换器实际采集电压为 V_X，ADC 转换结果为 N，则二者之间关系为

$$V_X = N \times \frac{5-0}{255-0} = 0.0196 \times N$$

4. 温度补偿程序设计

当水的温度每升高 1℃ 的时候，电导率的值大约会增到 2%。而为了实现温度的自动补偿，要先检测得到水的温度值和此温度时的电导率数值，再将其代入到现在最常用的温度校准公式即可。即

$$K = K_0 \times [1 + 0.022 \times (t - 25)]$$

上式为校准公式，K 为经过温度补偿之后的电导率值，K_0 为当前温度所计算出的值，t 为当前的水的温度值。

5. 线性化处理程序设计

由于水溶液电容效应的影响，测量结果呈现非线性。尤其是随着 TDS 值的增大（测量的水溶液电阻值的减小），测量结果的非线性越严重，因此 A/D 转换后的数据需要进行非线性处理。非线性处理的方法可以采用线性插值法，即通过分段使其线性化，分段数越多，精度就越高。使用线性插值法精确测量的 TDS 值的方法如下：利用一维查表法

查找 AD 转换值 N 所处的表区间 $[N_i, N_{i+1}]$，N_i 为第 i 个转折点所对应的 A/D 转换值；然后按照下述公式计算出修正系数 R 值，最后根据 R 值计算出 TDS 值。R 值的计算公式如下，其中 N 为当前 A/D 转换值，R_i 为 N_i 所对应的标准值。

$$R = R_i + \frac{N - N_i}{N_{i+1} - N_i} \times (R_{i+1} - R_i)$$

程序如下。

```
        float code R_value[11]={1.0,1.25,1.3,1.4,1.5,1.66,1.75,1.95,2.51,
3.23,4.375};                        //选取的标准点的R值表
        unsigned char code AD_Test_Data[11]={0,10,50,60,70,80,90,100,110,
117,124};
        //标准点R值所对应的A/D转值
        //函数名：Linera_R
        //函数功能：用线性插值法对测定的A/D值转换为修正系数R
        //形式参数：A/D转换值
        //返回值：修正系数R
        float Linera_R(unsigned char AD_Data)
        {
            float R;
            unsigned char i;
            for(i=0;i<10;i++)
            {
                if((AD_Data>=AD_Test_Data[i])&(AD_Data<AD_Test_Data[i+1]))
                {
                R=R_value[i]+(AD_Data-AD_Test_Data[i])*(R_value[i+1]-R_value
[i])/(AD_Test_Data[i+1]-AD_Test_Data[i])
                        break;
                }
            }
            return R;
        }
```

6. 显示程序设计

水质 TDS 测量仪检测的 TDS 值和水温信息需要通过 LCD1602 显示出来，LCD1602 显示模块与单片机的并行 I/O 端口连接，通过单片机对并行 I/O 端口进行操作，实现 LCD 读写时序控制。下面是调用 LCD 写数据指令，实现 TDS 测量值显示功能的程序。

```
        //函数名：display_tds
        //函数功能：显示TDS的测量结果
        //形式参数：tds为当前TDS测量值；comm为光标位置
        //返回值：无
        void display_tds(unsigned int tds_v, uchar comm)
        {
            unsigned char count;
```

```
        unsigned char datas[] = {0, 0, 0, 0};

        datas[0] = tds_v / 1000;
        datas[1] = tds_v % 1000 / 100;
        datas[2] = tds_v % 100 / 10;
        datas[3] = tds_v % 10;
        writeComm(comm+8);
        writeData('0'+datas[0]);
        writeData('0'+datas[1]);
        writeData('0'+datas[2]);
        writeData('0'+datas[3]);
        writeComm(comm+12);
        writeString(" PPM", 4);
    }
```

9.2.4　调试

调试主要包括硬件调试和软件调试两部分，硬件调试需要对照原理图，使用万用表等工具检查印制电路板线路连接是否正确、是否存在开短路、开关是否正常、系统复位是否正常等硬件问题，特别注意电源系统的检查，测试电源引脚电压数值是否正确，极性是否符合。

软件的调试任务是通过开发工具进行在线仿真调试，通过设置单步、断点等调试手段针对系统的功能是否实现进行系统的调试。软硬件调试成功之后，就可以将程序固化到单片机中，进行小批量样机生产。制作好的水质 TDS 测量仪测量家用净水器过滤水 TDS 值结果如图 9-11 所示。

图 9-11　TDS 值测量结果

习题与思考

1．简述单片机应用系统开发的一般流程。

2．对智能小车进行需求分析，写出需求分析报告。

3．以智能家居监控系统为例，进行系统总体设计。

参 考 文 献

[1] 宋雪松, 李冬明, 崔长胜. 手把手教你学 51 单片机 C 语言版[M]. 北京: 清华大学出版社, 2014.

[2] 陈朝大, 李杏彩. 单片机原理与应用——基于 Keil C 和虚拟仿真技术[M]. 北京: 化学工业出版社, 2013.

[3] 李朝青, 卢晋, 王志勇, 袁其平. 单片机原理与接口技术（第 5 版）[M]. 北京：北京航空航天大学出版社, 2017.

[4] 张仁彦, 等. 单片机原理及应用[M]. 北京: 机械工业出版社, 2016.

[5] 李晓洁, 等. 单片机原理与接口技术[M]. 北京: 电子工业出版社, 2015.

[6] 范力旻, 蔡纪鹤. 单片机原理与接口技术[M]. 北京: 机械工业出版社, 2018.

[7] [美]佛罗赞, [美]莫沙拉夫. 计算机科学导论[M]. 刘艺等, 译. 北京: 机械工业出版社, 2008.

[8] 陈志旺, 陈志茹, 阎巍山. 51 系列单片机系统设计与实践[M]. 北京: 电子工业出版社, 2010.

[9] 刘韶轩, 尚弘琳. 51 单片机逆向学习实战教程[M]. 北京: 清华大学出版社, 2016.